KB037043

환경운동가 김석봉의 지리산 산촌일기

뽐낼 것 없는 삶
숨길 것 없는

공동체 살리는 시리즈 07

함께 살아간다는 소속감 속에서 뭉치고 일하며 서로 돕는 공동체, 누구나 자유롭게 자신을 드러내고
서로의 필요에 귀기울여주는 공동체를 꿈꿉니다. 어디서나 공동체를 일굴 수 있습니다.
마음을 모아 혼자만의 경험이 아닌, 우리의 경험을 모아내기만 한다면 가능합니다.
삶을 쏟아 붓는 특정한 이슈는 공동체를 만드는 좋은 씨앗입니다. 환경, 교육, 예술, 문화 등
〈공동체 살리는 시리즈〉는 공동체를 다시 일구는 든든한 디딤돌이 되겠습니다.

환경운동가 김석봉의 지리산 산촌일기
뽐낼 것 없는 삶, 숨길 것 없는 삶

초판 1쇄 발행 2020년 6월 30일

지은이. 김석봉

ISBN
978-89-6529-241-8   (03520)
14,000원

이 도서의 국립중앙도서관
출판예정도서목록(CIP)은
서지정보유통지원시스템 홈페이지
(http://seoji.nl.go.kr)와 국가자료
공동목록시스템(http://www.nl.go.kr/
kolisnet)에서 이용하실 수 있습니다.
CIP제어번호: CIP2020020936

발행. 김태영
발행처. 도서출판 씽크스마트
서울특별시 마포구 토정로 222(신수동)
한국출판콘텐츠센터 401호
전화. 02-323-5609· 070-8836-8837
팩스. 02-337-5608
메일. kty0651@hanmail.net

도서출판 사이다
사람의 가치를 밝히며 서로가 서로의
삶을 세워주는 세상을 만드는 데 필요한
사람과 사람을 이어주는 다리의 줄임말이며
씽크스마트의 임프린트입니다.

씽크스마트·더 큰 세상으로 통하는 길
도서출판 사이다·사람과 사람을 이어주는 다리

환경운동가 김석봉의 지리산 산촌일기　김석봉 지음

뽐낼 것 없는 **삶**
숨길 것 없는

애틋한 마음과 따뜻한 인간애가 있는

누구나 한번쯤은 귀농이나 귀촌을 꿈꾸어 봤을 것이다. 각자 이유는 다를 수 있지만 어릴 적 추억, 고향에 대한 그리움, 무엇보다도 생명의 온기를 찾고자 하는 회귀본능이 살아 있기 때문일 것이다.

『뽐낼 것 없는 삶, 숨길 것 없는 삶』은 시시각각으로 변하는 자연환경, 풋풋한 흙내음, 순박한 농심(農心)과 애환을 담고 있다. 생생한 묘사는 마치 작은 창문으로 산촌풍경을 내다보는 것 같은 착각을 일으킬 정도다. 일상에서 스쳐 지나가기 쉬운 소소한 이야기가 삶의 의미를 되돌아보게 하는 특별한 기회를 제공한다.

생명을 귀하게 여기는 애틋한 마음, 따뜻한 인간애가 묻어나는 산촌 이야기는 김석봉 님의 자연관과 사람 대하는 방식을 잘 드러내고 있다. 독자들이 농부 김석봉 님의 건강한 미소, 그리고 생명의 기운을 한 아름 선물 받아 더불어 행복한 세상을 함께 만들어 갈 수 있길 소망한다.

박종훈

경상남도 교육감. 교사로 재직하면서 전교조 경남지부 사립위원장을 맡았다. 경상남도 교육위원을 거쳐 2014년 '교육본질 회복'을 기치로 삼은 16대 경상남도 교육감으로 경남교육의 변화를 이끌었다. 지금은 17대 교육감으로 지역사교육, 통일교육, 환경교육 활성화를 위해 각별한 관심과 노력을 기울이고 있다.

가끔 뒷모습이 울적해 보이는 농부

그이와 나는 산 하나를 사이에 두고 산다. 몇 해 전 페이스북을 통해 인사를 주고받다 급기야 집을 찾아가 처음으로 만났다. 술을 좋아해 만남의 횟수도 많이 늘었다.

그이는 모든 생물에 한없이 애정이 넘치는 분이다. 하지만 그 생물들이 어울려 살아가는 유기적 흐름과 규칙엔 약자를 위한 공평무사함이 있는, 철저한 투쟁가이기도 하다.

예쁜 마당은 길냥이들에게 모두 내어주고 지리산을 앞마당 삼아, 삼봉산을 뒤뜰 삼아 넓고 평온한 기운으로 든든하게 서 있는 그이. 가끔 뒷모습이 울적해보이기도 하는 농부. 지리산자락 두류봉을 좌우로 보는 공간에서 그이와 이웃으로 살며 가끔 만나 마시는 곡주와 세상 이야기가 내겐 큰 기쁨이고 위안이다.

이제 이순(耳順)의 여유와 관조로 『뽐낼 것 없는 삶, 숨길 것 없는 삶』을 세상에 던져놓은 그이의 삶이 더욱 행복하고 건강하길 바란다.

연규현

화가. 몇 차례 개인전을 가졌다. 지리산을 마주 보는 함양 휴천 견불동에서 수묵풍경화를 그리며 산다.

어느 자리에 있든 그는 늘 농사꾼

1980년대가 끝나갈 무렵 진주청년문학회에서 '시인 김석봉'을 만났다. 그 후로 오랫동안 그는 문학회의 든든한 맏이였고, 우리의 '석봉이 형'이었다. 그 시절 그의 시는 자신의 삶을 보여주듯 일상의 노동과 민중을 향해 있었다. 하 수상한 시절을 지나며 그는 시인보다는 점차 사회변혁을 꿈꾸는 환경운동가가 되었다.

그리고 어느 해인가 모든 활동을 접고 함양 골짜기로 들어갔다. 놀랍지 않았다. '석봉이 형'이니까. 지난 30년 되짚어보면, 시를 쓰든 환경운동을 하든 그는 늘 농사꾼 같았다. 동트기 전에 일 나가는 소작농처럼 부지런했고, 누구보다 열심히 시를 쓰면서도 식자깨나 읊는 거드름을 보이지도 않았다.

가끔 들리는 소식이 참 반가웠다. 아내와 아들 내외와 손녀 서하, 그리고 수십 마리 고양이, 개, 닭, 거위와 함께하며 그는 산골 아이처럼 웃고 있었다. 다시, 30년 전 바로 그 얼굴이다. 이 책의 출간을 앞두고 내가 설레는 이유다.

여전히 내 기억 속의 '석봉이 형'은 커다란 짐 자전거를 타고 달린다. 어린 아들을 뒤에 태운 채 집회 현장에 가거나, 노동자 신문을 싣고 진주 상평공단 골목골목을 누비고 있다.

권영란
작가. 진주신문과 경남도민일보에서 기자 생활을 했고, 인터넷언론 〈단디뉴스〉 창간대표를 맡았다. 제49회 개천문학상신인상을 수상했다. 저서로 『시장으로 여행가자』 『남강오백리 물길여행』이 있다. 『남강오백리 물길여행』으로 제1회 한국지역출판대상을 수상했다. 현재 칼럼니스트로 활동하고 있다.

더 나은 삶의 여정을 안내하는 듯

추천사를 써달라는 부탁을 받고 나니 하루 종일 그이와의 인연이 문득문득 떠올랐다. 오랜 세월 함께 환경운동을 하면서 지내왔던 순간들이 생각났다. 지리산 댐 반대운동을 하면서 함께 삭발한 뒤, 민머리를 서로 쳐다보며 씁쓸하게 웃던 추억이 있다. 그이나 나나 이순을 몇 년 지난 나이지만 재미난 일들도 참 많았구나 싶다.

그러던 그가 열심히 하던 환경운동을 접고 갑자기 귀농해버렸다.

귀농 이후에도 어느새 이렇게 좋은 글을 써왔다니 고마운 일이다. 몸으로 체험한 산골이야기는 그이만의 이야기는 아니다. 이 시대 우리에게 '어떻게 살 것인가'라는 질문을 던져주면서 더 나은 삶의 여정을 안내하는 듯하다. 어느 한가한 날 조용한 나무그늘 아래서 읽으면 마음을 촉촉이 적셔줄 것 같다.

원고를 읽노라니 요리연구가인 그이의 아내가 빚어주던 잘 익은 과하주 맛이 생각난다. 어느 좋은 날 그 술 한 잔 찾아 가야겠다.

장승환
원광대학교 한의학과를 졸업하고 진주에서 동산한의원을 운영하고 있다. 마산대학교 겸임교수를 역임했으며, 진주환경운동연합 공동의장, 형평운동기념사업회 이사 등을 역임하며 진주지역 시민사회운동에 기여했다.

마음 속 한 구석 군불을 넣은 것처럼

지친 일상에서 잠시 비껴나고 싶을 때, 가끔 지리산 자락길을 걸으러 가곤 한다. 지리산으로 내려가면 넉넉하고 사람 좋은 그가 아내와 함께 살고 있다. 환경운동연합에서 자원봉사활동을 하면서 만난 인연이다.

갈 때마다 마당 꽃밭에 피어나는 꽃도 늘고 고양이, 닭, 강아지, 거위 등 거두어 먹이는 식구들도 나날이 늘어났다. 서울에서 살던 아들이 부모 곁으로 내려왔고, 순순한 아내를 만나 가정을 이루고 아이까지 태어나 그 집엔 기쁨과 활기도 늘었다.

산골에서의 삶이 진솔하게 담긴 『뽐낼 것 없는 삶, 숨길 것 없는 삶』을 읽으면 언제나 마음 속 한 구석 군불을 넣은 것처럼 따스한 느낌이다. 이 세상 소풍 나온 우리 인생, '참 잘 사는구나' 하는 감탄이 절로 들었다.

나도 살아가며 '인생 뭐 별거 있나' 하는 마음이 들곤 한다. 그저 건강하게 가족과 이웃들과 소박한 음식이라도 나누면서 살면 족한 것 아닌가 하면서도, 그런 일상을 사는 것이 결코 쉬운 일이 아니라는 생각도 든다. 살아가는 일이, 참 애틋하고 귀하다.

조은미

제주도 중산간 마을에서 태어났다. 대학 졸업 뒤 외국계 기업에서 오랫동안 일했다. 환경운동연합 등 환경단체에서 자원봉사활동을 했다. '국경없는 의사회'에서 10년간 일했다. 현재 '문학의 숲' 북클럽을 운영하고 있으며, 사회적협동조합 '한강' 사무국장으로 일하고 있다.

행운이와 함께 만난 인연

'만남'은 유행가 가사처럼 '우연'이 아니라 '바람'이라는 말이 있다. 수의사이다 보니 동물 때문에 이루어지는 만남이 많다. 이후엔 인연의 끈으로 묶이기도 한다.

강아지 행운이를 만났다. 입속에 먹이를 씹기 힘들 정도의 종양을 달고 있었다. 수술이 꽤 힘들었던 기억이 있다. 행운이와 함께 김석봉 선생과도 만났다. 페이스북을 통해 만난 인연이 이렇게 이어졌다.

수술 이후 그이의 며느리가 케이크를 보내왔었다. 감사한 마음을 담은 예쁘장한 케이크였다. 케이크에는 "당신을 만나 행운이는 행운이었습니다"라는 글귀가 새겨져 있었다. 수술에 참여한 학생들과 함께 그 케이크를 먹으며 새로운 감동을 받았었다.

진솔한 이야기만이 공감할 수 있다. 수많은 경험 후에 써내려가는 글이 자기 고유의 글이 된다는 걸 나는 안다. 그간 페이스북을 통해서 만난 김석봉 선생의 『뽐낼 것 없는 삶, 숨길 것 없는 삶』은 산골에서 농부로 살아가는 진솔한 이야기다. 불타는 젊은 날 환경운동가로 활동했던 선생이 괭이 한 자루로 그 넓은 밭을 일구며 살아가는 농부의 이야기다.

자신이 생각하는 삶을 의지대로 살아가기 쉽지 않은 요즘, 선생의 정갈한 삶과 글은 깊은 감동을 준다.

김남수

전북대학교와 서부호주 머독대학교에서 수의학공부를 하였으며 미국 위스콘신 수의과대학에서 박사 후 연구원 생활을 했다. 귀국 후 전북대학교 동물의료센터장과 수의과대학 학장을 역임했다. 현재 전북대학교 수의과대학 교수로 학생들을 가르치고 있다.

정의로운 사회를 꿈꾸는 운동가, 석봉 선배

선배와는 환경운동연합에서 만났다. 새만금 갯벌 지키기 운동이나 4대강 사업 저지 집회처럼 환경운동의 현장에 가면 언제나 선배가 있었다. 얼굴이라도 마주치면 특유의 억센 목소리로 후배 활동가들을 다독거려주던 기억이 선명하다.

선배는 환경운동가로 딱 부러진 모습을 보였다. 원칙이 분명했고, 의사결정이 이뤄지면 좌우를 돌아보지 않았다. 선배는 진주환경연합 의장도, 환경운동연합 전국 대표 직위도 단임으로 임기를 마쳤다. 그러고는 지리산으로 들어가버렸다.

『뽐낼 것 없는 삶, 숨길 것 없는 삶』에서 선배는 여전히 정의로운 사회를 꿈꾸는 운동가이며 어리숙한 농부다. 이웃의 불편함을 살피는 따뜻한 시선이 있고, 뭇 생명들과 교감하는 애정이 있다. 농사일에 지치고 결과가 외면당할 때는 처절한 패배감과 울분도 숨기지 않는다.

살아가다 길을 잃게 된 경험이 드물지 않다. 살다 낭패한 상황에 부닥치는 경우가 있을 때면 꼭 선배의 이 책을 읽어보라 권하고 싶다. 그 속에는 실패가 있고 두려움도 있지만 위로받는 법도, 더불어 사는 법도, 휴식도 가득하다.

지난 시절 지켜본 선배의 여정에는 망설임이나 번복이 없었다. 이해득실을 배제하니 언제나 명쾌하고 지독하리만치 깔끔했다. 일상이 두렵고 혼란스러운 요즈음, 그의 이야기가 많은 사람들에게 깊은 위로가 되어 줄 것임을 확신한다.

박미경

광주환경운동연합에서 간사로 활동했다. 활동한지 31년을 맞는 올해, 광주환경운동연합 공동의장이 되었다 지방 공기업에서 상임이사로 재직한 기간을 빼고는 오직 환경운동연합에서 일했다. 환경운동가의 삶을 천직으로 여기며 산다.

괭이를
장만할 때의
그 두근거림으로

고향으로 돌아가리라.

도시에 살면서 꾸던 꿈이었다. 고향에 제법 널찍한 땅을 장만
했었다. 언제고 형편이 되면 돌아가 살 집을 지으려는 생각에
서였다.

그러나 기회는 쉽게 오지 않았다. 세월이 흘렀다. 일에 파묻혀
바쁘게 살았다.

고향으로 돌아가리라는 꿈을 꾸는 것마저 사치스러운 도시생
활이었다.

13년 전 우연히 지리산을 마주 보는 산골마을 빈집을 만났고, 낯설고 물 설은 곳으로 무작정 이사를 와버렸다. 앞으로의 삶이 불안하련만, 집을 고치고 벽지를 바르고 장판을 깔고 이삿짐을 정리할 때까지 먹고살 걱정은 들지 않았다.

　텃밭을 가꾸기 위해 괭이를 장만할 때의 그 두근거림은 영원할 것 같았다.

　음식 공부 한답시고 도시에 나가 살던 아내가 돌아오고, 서울에서 회사 다니던 아들이 못 견디고 돌아왔다. 흩어져 살던 우리 세 식구는 그렇게 다시 한 밥상머리에 앉았다.

　나는 적지 않은 밭을 빌어 농사를 시작했다. 아내는 낡은 아래채 흙벽과 구들장을 손질해 민박을 시작했다. 아들은 지리산을 지키는 환경단체에서 일하기 시작했다.

　우리 집에 민박을 왔던 보름이가 며느리가 되었고, 손녀 서하가 어느새 다섯 살이 되었다. 이 산골에 들어온 지 13년 만이다.

　마을 이웃들과 함께 마을기업을 설립하고, 체험휴양마을을 운영했다.

　그러나 나는 이방인이었다. 마을공동사업이 성공하자 토박이들은 나를 내쫓았다. 도시에서 데모나 하던 빨갱이라는 조롱과

마을 돈을 빼돌려 새 집을 지었다는 얼토당토않은 수군거림에 시
달렸다.

만만한 마을이 아니었다. 만만한 사람들이 아니었다.

산다는 것이 참 어렵다.

사람으로 산다는 것이 그렇게 쉽지 않은 일이라는 것을 느꼈다.

우리 다섯 식구끼리만 잘 먹고 잘 살면 그뿐이지만 그것만으로
는 뭔가 모자랄 것 같았다. 행복을 담을 그릇이 더 깊고 더 넓었
으면 좋겠다는 생각이었다.

그렇게 시작한 마을일은 뒤틀려버렸고, 이웃에 대한 애정도 식
어버렸다.

앞으로는 어떻게 살 것인가.

서너 해 전, 그런 생각이 들 무렵 『뽐낼 것 없는 삶, 숨길 것
없는 삶』을 쓰기 시작했다.

살아온 날들에 대한 성찰과 살아갈 날들에 대한 희망을 찾기
위해서였다.

이순을 훌쩍 넘겨버린 나이, 아내마저 새로운 갑자를 시작했으
니 인생의 방향을 바꾸기 쉽지 않을 것이지만 꿈은 꾸고 싶었다.

하지만 여전히 자랑할 것은 없고, 후회할 일은 많을 인생일 것

이다.

별 얘깃거리도 아닌 지리산 산촌일기를 연재해준 진주의 인터넷신문 '단디뉴스'와 책으로 엮어 보자고 제안해준 씽크스마트 김태영 대표께 고마움을 전한다.

흔쾌히 추천사를 보내준 박종훈 경남 교육감, 이웃 마을 연규현 화백, 진주청년문학회의 인연을 지금까지 이어오고 있는 권영란 작가, 진주 동산한의원 장승환 원장, 사회적협동조합 '한강'의 조은미 사무국장, 전북대학교 수의대학 김남수 교수, 광주환경운동연합의 박미경 의장, 영양 산골에서 택배기사로 일하는 최진 시인께 감사한 마음이다.

내 인생의 고향, 환경운동연합에서 함께 일하던 이들이 문득 그립다.

2020년 오월
지리산 산골마을에서

차례

제2장

가까이 산다고 이웃은 아니건만

제3장

아내는 또 찹쌀을 담갔다

제4장

새가 되어 날아간 바둑이

제5장

내 삶의 가장 빛나는 시간에

산촌에서의
나를 다시
돌아보았다

오후 두 시, 그들은 한 치의 오차도 없이 우리 집 마당으로 들어섰다. 손 인사를 나누고 통성명을 했다.

며칠 전 전화가 왔었다. 서울의 한 잡지사 작가인데 그 잡지에 귀농·귀촌인을 소개하는 꼭지를 맡고 있다고 했다. 인터넷을 검색하다 나를 만나게 되었고, 내 귀농생활을 취재하고 싶다는 거였다. 나는 별 생각도 없이 응했었다.

그가 불쑥 책 한 권을 내밀었다.

"이게 그 월간 잡지인데 시니어를 주요 대상으로 하고 있어요. 매월 삼만 권을 찍어 곳곳에 배부하는데 잡지치고는 꽤 크고, 영

향력도 있는 편이지요."

그가 책을 설명하는 사이 동행한 사진작가는 마당 구석구석을 돌며 연신 사진기 셔터를 눌러댔다. 찰칵찰칵 하는 소리가 귀에 거슬렸다. 그 낯선 소리에 고미와 꽃분이도 마루를 오르내리며 전에 없이 응얼거렸다

'참 실없는 일을 저질렀다'는 생각을 하면서 탁자에 마주 앉았다. 아내가 모과차와 오미자차를 내왔다. 비가 오락가락하는 날씨였다. 고구마 모종과 파 모종을 옮겨 심어야 하는데 오늘은 공쳤다.

나를 사로잡아버린 빈집

"환경운동을 하신 걸로 알고 있는데, 어떤 계기로 귀농을 하게 되었나요?"

그가 기계적으로 질문을 해왔다. 지난 달, 지지난 달에 만났을 어느 귀농·귀촌인에게도 이와 같은 질문을 했을 거라 생각하니 쓴웃음이 났다.

"계기는 무슨. 우연히 찾아온 이 비어 있는 집에 마음이 끌려서 무작정 들어와버렸지요."

찻잔을 드는데 최근 진한 갈색으로 칠한 마루가 눈에 띄었다. 열두 해 전 처음 이 집에 왔을 때가 생각났다. 그때는 마루가 다 썩어 내려앉아 있었다. 집주인이 농협 빚에 쫓겨 야반도주한 집이었다. 마당엔 환삼덩굴이 우거졌고, 낡은 샷시문의 얇은 유리창은 깨져 있었다. 고개를 돌렸는데 거기 지리산이 앞산처럼 가까이 다가와 있었다. '아.' 외마디 탄성이 새어나왔고, 무엇에 홀린 듯 이 집에 마음이 끌렸었다.

"그냥 그런 감정이었어요. 이 집터가 나를 붙잡은 듯한 느낌. 이 집터에 사로잡혀버린 듯한 느낌. 다른 아무런 생각도 나질 않았어요. '어떻게 뭘 해서 먹고사나' 하는 걱정도 들지 않았어요. 만약 그런 걱정이 조금이라도 들었더라면 쉽게 올 수 없었겠지."

금세 분위기를 알아차린 고미와 꽃분이가 분주히 오가는 사진작가의 뒤를 졸졸 따라다니고 있었다. 빗줄기는 굵어졌다 가늘어졌다를 반복하고 있었다.

"귀농을 하거나 귀촌하는 사람들을 보면 이처럼 마을 안에 들어오는 경우는 흔하지 않던데요. 대개 외딴곳에 집 지어 들어가잖아요. 마을 안에 살면 원주민들의 텃세도 심하다고 하는데, 사는데 어려움은 없었나요?"

"이웃이 있는 곳에서 살면 좋겠다는 생각을 했지요. 지금 생각하면 꼭 그런 것만은 아니지만."

나는 곁눈질로 씩 웃어보였다. 문득 이웃들과 다툰 일들이 생각나 흘러나온 헛웃음이었을 거였다.

"텃세라. 텃세. 그게 왜 없었겠어요. 있었지. 독했지. 앞으로 십 년, 이십 년이 지나도 나는 여전히 '들어온 사람'일 거고."

이방인의 삶이 시작되다

나는 이 마을에서 이방인이었다. 마을 사람들은 논밭에서 농사일로 만나거나 평상 그늘에 앉아 술잔을 돌릴 때는 다정한 이웃이었지만 결정적인 순간이 오면 등을 돌려버렸다.

들어오고 얼마 지나지 않아 집터 측량을 할 때였다. 아랫집 박샌 집터가 우리 집 문간에 물려 있었다. 서너 평쯤 되는 좁은 면적이었다. 이웃들은 전에 우리 집에서 살던 집주인이 집을 넓혀지으면서 박샌으로부터 사들였다고 했지만 박샌은 막무가내였다.

저녁이면 술과 안주 챙겨들고 찾아가 장기도 두면서 지내던 사이였다. 그런 박샌이 다짜고짜 땅을 내놓으라고 우겼다. 함께 잘 지내던 이웃들은 모두가 나 몰라라 했다. 전에 살던 우리 집 주인에게 확인이라도 해야겠다 싶어 연락처를 알려달래도 누구도 알려주지 않았다.

　우리는 하는 수 없이 박샌이 달라는 대로 돈을 주고 그 땅을 사들여야만 했다.

　"사진을 좀 찍어야 하는데. 아내분과 함께 있는 사진도 몇 장 필요하고요."

　빗줄기가 잠시 가늘어졌다. 이 틈에 사진을 찍고 인터뷰를 계속하자는 제안에 아내를 불렀다. 내 어지러운 심사와는 달리 아내는 흔쾌히 나와주었다.

　집으로 드는 골목 돌담가엔 접시꽃이 송이송이 피어나고 있었다. 영순아지매집 담장엔 빨간 덩굴장미도 만발해 있었다. 셔터 누르는 소리를 들으며 아내와 골목을 한 바퀴 돌았다. 아내와 발 맞추어 산책을 한지도 오래되었다는 생각에 피식 웃음이 나왔다.

　"도시에서 살 때와 귀농해서 농사짓는 지금과 비교해서 달라진 것이 있다면 무엇일까요. 가장 크게 느낀 변화가 있다면 소개해 주셔요."

　"다 변했지 뭐."

　"그래도 구체적으로 말해주세요. 가령 얻은 거나 잃은 것은 무엇인지. 뭐 이런 것으로."

"글쎄요. 잃은 거는 별로 생각나는 게 없고, 얻은 것은 사람과 시간이라고 생각해요. 사람은 동지거나 상대방이거나 남으로 구분되는데 그렇게 구분할 수 없는 많은 사람을 만나게 되었지요. 시간도 마찬가지지요. 나만의 시간, 내가 내 시간을 관리할 수 있다는 거. 나에게 주어진 지간을 내 의지대로, 내 생각대로 쓸 수 있다는 거. 하루 스물네 시간이 다 내 것이라는 거. 따지고 보면 그동안 생각조차 못했던 아주 소중한 것들을 얻은 셈이죠."

버린 것과 찾은 것

그랬다. 나는 비로소 사람과 시간을 얻었다. 환경운동이 비록 가치 있는 일이었다 해도 내가 만난 사람들은 모두가 동지거나 대척점에 선 상대편이거나 전혀 관계가 성립되지 않는 남이었다. 그러나 여기서 만난 사람들은 달랐다. 이해관계가 없는 상태이면서 남도 아닌, 따뜻함을 나눌 수 있는 사람들이었다.

도시에서 살 때 나에게 주어진 시간은 일을 위한 시간이었을 뿐이었다. 일을 하기 위해 시간을 맞추는 생활이었다. 시간에 맞춰 맡은 일을 할 수밖에 없는 생활이었다.

"귀농·귀촌을 꿈꾸는 사람들이 가장 궁금해하는 것이 살면서 얼마나 벌어야 하느냐는 겁니다. 농사지어 먹고살 수는 있나요?"

"그래도 꽤 벌어요. 무농약 무비료로 농사짓는다는 것을 알고 믿게 된 사람들이 내가 농사지은 것을 잘 사주거든요. 봄에 고사리나 봄나물 건채해서 팔고, 감자와 양파 팔고, 늦여름에 고춧가루 팔고, 가을에 고구마 팔고…….."

"생활비는 별로 안 들 것이고, 그럼 경제적으로도 문제가 없겠네요."

"세상이 안 그래요. 자본주의라는 게 원래 그렇잖아요. 이 세상은 벌면 버는 만큼 써야 하는 구조지요. 우리 부부 살아가는 데 매달 정기적으로 드는 비용만 해도 백만 원은 훌쩍 넘어요. 이런저런 공과금에 보험금, 기부금, 경조사비 등등 나가는 것이 버는 것에 비례해서 따라다녀요."

"그렇겠네요."

"통장에 달랑 오십만 원 남아 있어요. 조금 벌어 모아두었던 거 이번에 집 고치는 데 쓰고."

고미와 꽃분이가 요란하게 짖으며 문간으로 뛰어나갔다. 승용차가 멈춰서고, 한 가족이 내려 문간을 기웃거렸다. 오늘 예약한 민박 손님이 도착한 것이다. 아내가 부랴부랴 마중을 나갔다. 아이들이 먼저 마당으로 뛰어들며 곳곳에서 고개를 내미는 고양이들에게 눈인사를 건넨다.

민박, 가장 인간적인 일터

"민박은 경제적으로 도움이 되세요?"

"우리는 민박을 숙박업으로 생각 안 해요. 사람을 만나기 위해서 하는 거지. 사람과 관계를 가지고, 세상과 소통을 하기 위해서 하는 거지. 아마 우리가 민박을 하지 않았다면 외롭고 답답하고 헛헛해서 여길 떠나버렸을지도 몰라요."

우리가 하는 민박을 숙박업이라고 생각한 적이 없었다. 인터넷으로 예약하고, 입금하고, 열쇠 꽂힌 방에 들어가 하룻밤 자고 돌아가는 여느 숙박업소와는 달리 우리 민박은 사람들이 만나는 공간이었다. 밥상머리에서, 대밭머리 평상에서 사람과 사람이 만나 정을 나누는 공간이었다.

살아오면서 많은 사람을 만났다. 나는 모든 사람들을 일 때문에 만났다. 일이 있어 만나고, 그 일이 끝나면 다 사라져버리는 사람들이었다. 일이 정리되면 사람들도 함께 잊혀져버렸다. 사람과 사람의 관계가 이처럼 삭막했었다.

민박 손님은 달랐다. 믿음으로 찾아오고, 정성으로 맞이하고, 그러면서 마음을 열고 서로에게 다가가는 맹목적인 관계였다. 사람이기에 만나고, 사람이기에 나누는 사이였다. 나는 일찍이 이런 관계로 사람을 만난 적이 없었다. 그러다보니 우리 집을 찾아오는 민박 손님들은 단지 하룻밤 잠을 자기 위해서 오는 것만은 아니었다. 대부분 사람을 만나기 위한 설렘을 갖고 있었다.

마을생활 10년, 나는 여전히 낯선 귀농인

평상에서 전화가 왔다. 왜 아직 안 오느냐고 한다. 매일 세 시쯤이면 평상에 나가곤 했었다. 교회 앞 성샌이 읍내 장에 나가 오징어를 사와서 삶아놓았으니 빨리 오라고 한다. 엉덩이가 들썩이기 시작했다.

"어딜 가셔야 하나 보죠? 마지막으로 한 가지만 물어볼 게 있어서. 혹시라도 지인이 귀농이나 귀촌을 하겠다면 무슨 말을 해주고 싶은가요."

제법 많은 시간이 흘렀다는 생각이 들었는지 미안해하는 표정이었다.

"글쎄, 내가 이런 말을 한다는 것이 참 우습지만 '마을에서 공동체를 이뤄 사는 것은 생각을 깊이 해봐야 한다. 나도 처음에는 원주민과는 어울리지 않으면서 산 너머에 사는 귀농·귀촌자들끼리 모이는 것을 경멸하기도 했다. 그런데 살아보니 그런 것만은 아니었다. 오히려 마을과 따로 떨어져 사는 것도 괜찮겠다'라고 말해주고 싶어요."

"왜요?"

"담 하나를 사이에 두고 산다고, 단지 가까운 곳에 산다고 이웃이라고 할 수 있겠냐 싶어요. 원주민들과는 살아온 문화가 다르고, 삶의 양식이 다르니 대화가 이루어지지 않더라고요. 농사일에 대한 이야기가 전부죠. 정치, 사회, 문화 이런 소재는 이야깃거리가 될 수 없었어요. 그러나 다른 귀농·귀촌자들과 만나면 대화가 넘쳐요. 그런 대화의 대상이 진정한 이웃이라는 생각이 들어요."

나도 서너 해 전부터 마을 주민 아닌 사람 몇몇과 만난다. 산 너머에 정착해 사는 사람, 개울 건너에 이사 온 사람, 고개 너머에 터를 잡은 사람. 그들과 만나 술잔을 나누고 세상을 이야기한다. 그 시간이 좋았다. 마을에서 이웃들과 나눌 수 없는 대화가, 거기에 가면 있었다.

이웃과 농사일을 하고, 이웃과 읍내 장에 가면서도 때로 내 영혼이 이대로 잠들어버리는 것은 아닌지 두려움에 휩싸이기도 했었다. 내 인생이 평상의 술잔과 농사 이야기에 파묻혀 영원히 깨어나지 못하면 어쩌나 하는 조바심도 들었었다.

나는 깨어 있고 싶었다. 기다림, 그리움, 쓸쓸함과 같은 눈물겨운 언어를 이대로 영영 놓아버리고 싶지 않았다.

비가 그친다. 사진작가는 일찌감치 사진기 가방을 갈무리해두고 건너편 툇마루에서 기다리고 있었다. 그이도 수첩을 접으며 자리를 털고 일어섰다.

지난 열두 해, 내 삶의 정처가 몹시도 어지러웠다는 생각이 들었다.

아내가 굽는 부추전 그 진득한 냄새가 창을 넘어오고 있었다.

제 1 장

밭이랑에
묻어보는
허튼 인생

살랑살랑
봄바람 속
밭을 일구다

마을은 쥐죽은 듯 고요했다. 농기계 소리는커녕 사람 발자국 소리조차 들리지 않았다. 모든 살아있는 것들이 일시에 사라진 듯했다. 이따금 공허하게 울리는 개 짖는 소리가 정적을 깨트리곤 했다.

집배원이 다녀가는지 골목 속으로 한줄기 오토바이의 굉음이 이어졌다 사라진다.

경로당에서 봄나들이 가는 날이다. 해마다 봄이면 봄나들이를 간다. 이 봄나들이가 한 해 외출의 전부일 이웃들도 많았다.

장롱 속에 아껴 넣어둔 봄옷을 꺼내 입어보는 유일한 날이 바로 오늘일 것이다. 목포를 다녀온다고 했다. 먼 거리여서 걱정하는 노인들도 더러 있었고, 생선회 먹을 상상에 기대에 찬 이웃들도 더러 있었다.

이른 아침 마을 입구에 도착한 관광버스는 몇 번이고 경적을 울렸다. 한바탕 골목이 소란스러웠다. 돌담 돌배나무에 핀 하얀 배꽃처럼 화사하게 차려 입은 노인네들의 행렬이 골목 끝으로 이어졌다. 참가비 삼만 원은 결코 노인네들의 발걸음을 붙잡지 못했다. 거기에 덧붙여 찬조금으로 낼 지전 몇 닢도 챙겼을 것이다.

서너 해 전, 마을일을 할 때 딱 한 번 봄나들이 관광버스를 탔던 적이 있었다. 버스가 출발하자마자 술잔이 돌았고, 뽕짝 메들리가 차창을 거세게 때리기 시작했고, 아낙네들의 막춤이 통로를 가득 메웠다. 날이 어두워 마을에 도착할 때까지 버스 속은 온통 그 열기에 젖어 있었다. 봄나들이 관광버스는 마법의 도가니였다. 고된 밭일에 아팠던 다리도 허리도 다 낫게 해주는 공간이었다.

남정네들은 멀뚱멀뚱 창밖만 바라보고 있고, 아낙네들은 모두가 통로로 나와 얼싸안고 막춤을 추었다. 그동안 쌓여 있던 스트레스를 확 풀어버리는 날이다. 봄나들이를 다녀온 다음 날은 춤추기에 지쳐 드러눕기라도 하련만 더 씩씩하게 밭으로 나가신다. 그야말로 묘약이고 마법이다.

　　하루 종일 밭일을 했다. 낼모레 또 비가 올 거라 해서 일을 서둘렀다. 하루 내내 밭이랑 만들어 도라지씨 넣고, 강낭콩 심을 밭을 장만했다.
　　아내는 읍내 문화센터에 그림 배우러 나가고, 쉴참(새참)도 없이 괭이질을 하는 오후나절에 아들 내외가 손녀딸과 들나들이를 왔다. 두렁이와 이랑이도 함께 왔다.
　　"야, 오려면 쉴참이라도 좀 챙겨 오지."

여전히 철없는 아들, 여전히 어여쁜 서하

덜렁덜렁 걸어오는 아들놈의 빈손이 더욱 철없어 보였다. 해맑게 웃으며 나를 향해 달려드는 서하를 보듬어 안아 번쩍 들어올렸다. 한 마리 나비가 푸른 하늘에 떠 있는 듯했다.
　　"아이고, 내가 그 생각을 못했네."
　　아들놈이 뒷머리를 긁적였다.
　　"카페는 어쩌고."
　　가만히 서하를 내려놓으며 걱정스런 어투로 말했다.

"그냥 문 일찍 닫았어요."

카페에 드는 손님도 별로 없었을 것이련만 보름이 목소리는 언제나처럼 참 맑고 밝았다.

흙이 무척 부드러운 밭이어서 만들어둔 밭이랑은 금세 엉망이 되었다. 밭이 목욕탕이라도 되는 양 서하는 아예 흙바닥에 배를 깔고 엎드려 기어가고, 두렁이는 그 큰 몸집으로 이랑을 허물면서 천방지축 뛰어다닌다. 고요하던 밭이 한순간 웃음소리로 소란했다.

괭이질에 아픈 허리를 펴고 물끄러미 서하가 노는 모습을 본다. 보름이와 흙바닥에 주저앉아 두꺼비집 놀이도 하고, 내 괭이 자루를 끌고 다니며 괭이질을 흉내 내기도 한다.

두렁이는 북실북실한 털이 거추장스러운지 바닥을 뒹굴며 흙목욕을 즐기고, 얌전한 이랑이는 나와 함께 앞발을 꼬고 앉아 그런 모습을 바라보고 있다. 참 평화로운 모습이었다. 사진을 찍었다.

한순간 꿈이었나. 모두들 돌아가고 다시 홀로 남았다. 마을과 산자락은 온통 꽃에 물들었다. 하얀 배꽃과 진분홍 복사꽃과 연분홍 산벚꽃이 연둣빛 새잎들과 어우러져 형용할 수 없을 경치를 만들었다.

그 아득한 시간과 공간 속에 나는 홀로 서 있었다. 높다란 산이 있고, 산정 아래 골짜기엔 아직 희끗희끗 잔설이 남아 있는 배경 앞에서 나는 어떤 모습이었을까.

언제나 나를 유혹하는 바깥세상

지난해 겨울부터 대처로 일을 하러 나가려 마음먹었다. 완도 전복양식장에라도 가려 했는데 허사가 되었고, 이리저리 일자리를 알아보기도 했는데 신통치 않았다. 정작 일자리가 있어도 쉽게 떠날 것 같지는 않았지만 무슨 까닭에 이런 생각을 하고 있었는지 도무지 나 자신을 이해할 수 없는 시간이었다.

나이도 나이려니와 마땅히 내세울 기술도 학벌도 인맥도 없으니 무슨 일에든 적극적일 수 없는 삶을 살아왔다. 세상을 살아오면서 몸에 밴 습성이 그러했다. 그런 세상이려니 하면서도 졸몰해가는 내 인생을 톺아볼 때는 괜스레 감정이 격해지고, 공연한 심사를 부려보는 것 같기도 해서 스스로도 답답해했던 적이 많았다.

그런 내 모습이 처참해 보일까. 그럴까. 그렇겠다 싶어 강하게 도리질을 했다. 씨감자도 묻었고, 봄배추 모종도 심었다. 나는 농부다. 농부가 대처로 나간다고 한들 무슨 일을 얼마나 할 수 있겠는가.

다른 일을 한들 그게 무슨 의미와 가치가 있겠는가. 대처에서 일을 하고 일당으로 돈을 번다고 한들 애벌레처럼 흙밭을 뒹구는 서하와 두렁이와의 간격, 그 완전한 행복과 평온을 맛볼 수 있겠는가.

그래, 이제부터는 그럭저럭 세월을 보내야겠다는 생각을 한다. 편한 마음으로 나이를 먹어야겠다는 생각을 한다. 내년부턴 경로당 봄나들이에 따라나서면서 화사하게 봄옷도 꺼내 입어보고, 헛물만 들이켠 듯한 그간의 세월을 아낙네들 막춤 춤사위에 묻어야겠다는 생각을 한다.

산그늘이 빠르게 마을을 덮고 있다. 눈이 녹지 않은 지리산을 넘어온 바람이 아직은 서늘하다. 두 이랑만 더 만들고 돌아가야지. 다시 괭이자루를 쥔다.

전복
양식장의
유혹

요즘 들어 부쩍 돈을 생각한다.

지금껏 적게 벌어 적게 쓰는 것이 가장 편안하게 사는 것이라고 여겨왔으면서도 겨울 문턱에 들어서면 괜한 걱정들이 생긴다. 돈 때문이다. 봄부터 가을까지는 그런대로 민박 손님도 들고, 계절별로 적게나마 농사지은 것도 팔아 장날이면 어렵잖게 장바구니를 채웠었다.

있으면 쓰고 없으면 안 쓰면 되지만 겨울엔 써야 할 곳이 더 많이 생긴다.

지난달에도 조의금을 두 곳에 결혼 축의금을 네 곳에 내었다.

날씨가 들쭉날쭉해 화목보일러를 늦게 켜는 통에 난방 기름도 제법 들었다. 집안 시제음식도 우리 집에서 준비해야 하는 해여서 적자 폭이 더 컸다.

300평 고구마농사로 감당하기엔 어림없는 노릇이다. 곶감도 깎아 팔고, 김장도 몇몇 집에서 가져가지만 언제나 간당간당하다.

'농촌에 살아도 둘 중 하나는 월급을 받아야 산다'고 했던 고참 귀농자의 말이 떠오른다. '연금을 받거나 부동산 임대수입 등 일정한 수입이 있어야 산다'는 귀농 조언자의 말도 떠오른다.

이 산촌으로 들어온 지 십 년이 되기까지 나는 그런 말은 귀담아 듣지 않았다. 그저 적게 벌어 적게 쓰면 될 일이라는 생각도 했지만 월급도 연금도 우리 가족에게는 다 꿈같은 얘기였다.

무엇을 끊고 줄여야 하나

"나 어쩌면 멀리 돈 벌러 갈지도 몰라."

며칠 전 진주에 다녀온 날 저녁 밥상머리에서 그동안 숨겨왔던 말머리를 꺼냈다.

"뭐? 돈 벌러? 무슨 돈?"

아내가 깜짝 놀랐다.

"전복양식장에. 하루 한두 번 전복에게 미역 던져주는 일이라는데."

"어디로?"

아내가 무릎걸음으로 다가앉으며 관심을 보였다.

"완도 전복양식장인데 어려운 일은 아니래. 내가 힘쓰는 일은 잘하니까."

"당신은 운전면허증도 없는데. 그래도 되나."

사실 나는 이 일을 제안 받고 조금도 망설임 없이 받아들였는데 아내에게 말하기는 쉽지 않았다.

언젠가 '한 서너 해 도시에 돈 벌러 나가야겠다'는 농담조의 말에도 아내는 화들짝 놀라며 '이 나이에 서로 떨어져 살면 안 된다'고 했었다. 그런 말도 안 되는 생각하지 말라면서 지금처럼만 살면 된다던 아내였다.

아내도 지금 우리가 처한 상황이 어렵다는 것을 느끼고 있었다.

일정한 수입은 없는데 일정하게 쓰일 곳은 많아, 쓰이는 것을 줄이든 수입을 늘리든 해야 할 일이었다. 수입을 늘릴 수가 없으니 당연히 쓰이는 것을 줄여야 한다.

무엇을 줄일까. 전기 통신 요금을? 부식비나 난방비를? 경조사에 가지 말까? 강아지와 마당의 냥이들을 내쫓아? 하나 넣는 보험을 끊어? 마시는 술을 줄여? 여기저기 기부금만 해도 월 이십만 원은 되는데?

그래, 그러면 되겠다. 쓰지도 않는 유선전화 해지하고, 시장에 가는 횟수를 줄이고, 화목을 더 열심히 해 나르고, 동창회는 잊고, 마당에 부어주던 사료도 끊고, 기부금도 죄다 끊어버리고, 마시는 술을 이틀에 소주 한 병으로 줄이면 되겠다.

돈, 사라지지 않을 걱정거리

아, 그런다고 정말 될까? 그렇게 살아도 되는 일인가? 그렇게 우리 가족만을 생각하며 우리끼리만 살아도 되는 일인가? 허전하고 쓸쓸하고 외로워지겠지? 바깥 날씨만큼이나 몸과 마음이 추워지겠지? 아마도 많이 슬플 거야.

월 사십만 원 남짓한 국민연금을 받으려면 아직 몇 년 남았다. 기초노령연금까지도 다섯 해가 남았다. 칠팔 년 뒤 아내가 받을 몫까지 다 합쳐도 월 백만 원이 안 된다.

지금 우리가 하고 있는 이 걱정은 끝없이 이어질 거라는 예감이 든다. 완도 전복양식장에서 몇 년을 보내고 돌아온다 해도 그 걱정은 사라지지 않을 것이라는 예감이 든다.

아니, 영영 내려놓지 못할 인생의 짐짝일 거라는 생각을 한다.

낮에 햇살이 퍼지고 바람이 자면 조와 기장을 손질해야겠다. 이웃집에서 농사지은 조와 수수와 기장을 몇 가마 사 어제 산청 생초 방앗간까지 가서 도정을 해왔는데, 조와 기장은 선풍기 바람으로 겨를 날려 손질을 해야 한다. 조금씩 담아 포장해서 팔면 어느 정도 돈이 남으니 살림에 도움이 되겠지.

"나 당첨되었다. 상품이 금일봉이래."

어젯밤 서울을 다니러 간 아내가 카톡을 보내왔다. 아내는 음식 모임이 있어 매달 한 번은 일박이일 서울나들이를 한다.

"무슨 당첨? 상금은 얼마래?"

"모임에 개근한 사람을 대상으로 행운권 추첨을 했는데 내가 당첨되었어. 상금이 삼십만 원이나 돼."

"어머니, 그 돈으로 맛있는 거 많이 사드시고, 옷도 사셔요."

며느리가 카톡에 끼어들었다.

아직도 철이 덜 든 나는 여전히 어리광을 부리며 카톡에 이런 문자를 넣고 있었다.

"홍어 먹고 싶다."

찌릿찌릿
아린 손가락을
주무르면서

손가락 마디마디가 아프다. 퇴행성관절염이라고 한다. 지난해 너무 많은 노동을 한 결과인 듯하다.

지난해는 밭이랑을 온통 괭이질로 만들었다. 전에는 관리기를 빌려 이랑도 내고, 비닐멀칭도 자동으로 씌웠는데 드는 비용이 만만치 않고 시간도 많이 남아돌아 농사일을 혼자서 괭이질로 했었다.

밭 일천 평이었으니 결코 적은 면적도 아니었다. 괭이자루를 손으로 단단히 부여잡고 힘을 쓰는 일이니 당연히 손가락 마디마디가 아플 수밖에 없었다.

거기에다 가까운 숲에 간벌작업을 해서 화목을 해 나르느라 몸을 많이도 썼다. 화목작업은 괭이질 못지않게 손아귀의 힘이 많이 들었다. 기계톱을 힘들여 부여잡아야 하고, 무거운 나뭇등걸을 굴러 내려야 한다. 한 골짜기서만 백 짐을 넘게 지게로 져 날랐으니 골병이 들어도 단단히 들었을 거였다.

엊그제 주문한 농협부산물 퇴비 이백 포대가 왔는데 그것을 쌓기조차 어려웠다. 포대를 거머잡으면 손가락 마디마디가 아려서 힘을 쓸 수가 없었다. 계속 일을 해왔더라면 아파도 크게 통증을 느끼지 못했으련만 겨우내 쉬었다 일을 하려니 통증을 견디기 쉽지 않았다.

쇠무릎 술을 담그다

"손가락 관절을 그대로 두면 비틀어진대요. 병원에라도 가봐야지."

손가락을 주무르는 내게 아내가 걱정스런 목소리로 말했다.

"저기 쇠무릎 술 담가놓은 것도 좀 마시고."

겨울에 들면서 쇠무릎 뿌리를 캐서 술을 담갔다. 아내의 허리와 무릎이 좋지 않아서 먹일 요량이었다. 술에 약한 아내는 좀처럼 그 술을 마시지 않았다.

담근 술을 좋아하지 않는 나는 쇠무릎 술을 담가놓고 쳐다보지도 않았었다. 아내가 아픈 허리에 부항을 뜨고 아픈 다리에 쑥뜸을 할 때마다 그 술이 생각나 '당신 마시라고 담근 건데. 자기 전에 한 잔씩 마시면 좋대. 한의사가'라며 권했지만 아내도 술항아리를 열지 않았다.

찌릿찌릿 아린 손가락을 주무르는데 왈칵 서러운 마음이 들었다. 가끔 무거운 나뭇짐을 나르고 돌아오면 무릎도 욱신거리는데 이러다 정말 온몸이 망가지는 것 아닌가 하는 불길한 생각이 들기도 했다. 난간을 부여잡고 힘겹게 계단을 오르내리는 노인네들의 모습이 떠올랐다. 그들의 깊고 거친 들숨 날숨소리가 들리는 듯했다.

이대로 이렇게 살아야 하나 싶었다. 아내는 아내대로 골병이 들었고, 나는 나대로 앓고 있으니 이게 좋게 살자고 하는 일인가 싶었다. 이대로라면 농사일도 거의 포기해야 할 처지가 되어버렸다.

유기농 자재 유박퇴비 서른 포대와 닭똥거름도 이백 자루나 주문했으니 그 많은 퇴비를 져 날라 뿌려야 하고, 힘든 괭이질로 이랑을 만들어야 하고, 비닐멀칭도 해야 하고, 김매기에 벌레잡기에 밭두렁 제초작업까지 할 일이 이만저만이 아니었다. 수확과 갈무리까지 그 많은 일을 다 하고 나면 필경 내 몸은 너덜너덜해지고 말 거였다.

며칠 전 지인들과 어울려 술을 마시면서 약간의 토론이 있었다. 친환경 농사에 대한 이야기였다.

"나는 도무지 뭐가 친환경 농사인지 구분이 안 돼요."

농사는 친환경으로 해야 한다는 주장에 나는 어떤 억울함에 북받친 듯 벌컥 말했다.

"농약 안 하고, 화학비료 안 하면 그게 친환경인가. 누군 비닐 멀칭도 하면 안 된다는데. 그럼 그 많은 농사일을 어찌 하나. 시골에 품앗이라도 할 만한 인력이 있나. 돈이 많아 일이백 평 밭뙈기에 자기 먹을 것만 한다면 몰라도."

나는 말끝마다 한숨을 몰아쉬었다.

헛물만 들이켠 듯한 인생

내가 한 해 농사를 위해 퇴비 오백 포대를 뿌리는 일천 평의 밭뙈기에 화학비료를 쓴다면 연간 스무 포대면 충분할 것이었다. 거의 매일 밭에 나가 김을 매고, 밭두렁 제초작업을 하는데 그

밭에 제초제를 뿌린다면 연간 서너 번이면 충분할 것이었다.

그 많은 퇴비를 생산하고 소비하는 데 소요되는 에너지의 환경 용량은 화학비료보다 훨씬 많을 것이다. 밭일을 할 때면 몇 개월 동안 하루 두서너 번씩은 몸을 씻고 옷을 버려 세탁을 해야한다. 제초제를 뿌려서 농사를 하면 그럴 일이 별로 없다. 그 차이는 어마어마하다. 그때마다 쓰이는 물과 세제를 계산하면 제초제를 쓰는 편이 환경 부하가 훨씬 덜하다.

이런 이유를 들이대는 것이 참 궁색하고, 괴롭고, 서글펐다. 몸이 아프니 핑계처럼 내뱉은 궤변이었으니 마주 앉은 사람들은 당연히 어리둥절해했다. 속으로는 '나이 들으니 망령이 든 건가'라며 혀를 끌끌 찼을지도 모를 일이었다.

그렇다고 화학비료 써가며 지을 농사도 아니지 않은가. 제초제, 살충제 뿌리며 가꿀 무 배추도 아니지 않은가. 따지고 보면 농사에 돈이 적게 드는 것도 내 주장의 중요한 근거였을 것이었다.

횃대에 매달린 메주를 풀어 내리는데 손아귀의 힘이 풀려 하마터면 메주를 떨어뜨릴 뻔했다. 화목 덩이를 보일러실로 옮기다 스르르 힘이 풀려 떨어뜨린 나무 덩이에 발등을 찍혔다. 무거운 것 앞에서는 머뭇거리게 되고, 무엇이든 거머잡기가 쉽지 않다.

많은 것을 가지려 쫓아다닌 내 삶의 굽이굽이가 이 통증을 가

져온 것 같다. 헛물만 들이켠 듯한 인생이건만 돌아보면 뒤로 참
많은 것들이 쌓여 있다.

설날이 다가온다. 새로운 갑자를 시작하는 해이니 보낼 것은
보내고, 버릴 것은 버려야겠다. 어렵겠지만 자만과 욕심은 끌어
내다 버려야겠다.

애꿎은
마음에
비는 내리고

봄볕이 따갑다. 벌써 며칠간 더위가 계속되고 있다.

다랑이논밭이 붐비기 시작했다. 트랙터와 경운기가 쉴 새 없이 돌아가고, 노인네들은 힘겨운 괭이질이다. 경운기나 트랙터로 일품을 파는 이들은 몇 되지도 않은데 여기저기 구석구석 논밭은 많으니 밭일을 서로 빨리 하려고 실랑이를 벌이기도 한다.

올해는 감자를 많이 심었다. 해마다 홍감자와 흰감자를 섞어 조금 나누고 우리 먹을 만큼만 심었는데 나누다 보면 우리가 먹을 것은 작은 것만 남고, 턱없이 부족하여 사다 먹기 일쑤였다. 그래서 어쨌거나 기초농산물만큼은 자급자족의 원칙을 지켜나

가야겠다는 다짐으로 올해는 예년에 비해 감자를 두 배는 더 심었다.

올해도 밭갈이는 농기계에 맡겼지만 이랑을 만들고 비닐멀칭을 하는 일은 내 몫으로 남았다. 뿌리채소는 하루라도 빨리 심어야 하기에 숨 가쁘게 일을 하지 않을 수 없었다. 이랑을 만들고 비닐멀칭을 하기까지 허리는 부러질 듯 아팠고, 땀을 비처럼 쏟았다. 그리고 마침내 어제 오후나절에야 감자와 산마, 우엉, 토란, 생강 심기를 끝냈다.

일을 도우러 왔던 마을 아줌마들이 내려가고, 잠시 밭두렁에 홀로 앉았다. 여기저기 꽃이 담뿍 피었다. 건너편 김 씨네 농막엔 벚꽃이 만개했고, 밭두렁 조팝나무엔 꽃송이가 눈송이처럼 하얗게 쌓였다. 멀리 칠선계곡 초입 산등성이 산벚나무가 꽃을 피우기 시작했다. 봄이 왔다.

동해 바다까지 나가보려던 꿈을 묻고

올해도 아내와의 약속을 지키지 못했다. 사나흘 기차여행을 하려던 계획은 이월 말에서 삼월 초로 미루어졌고, 다시 삼월 말로 미루어졌고, 사월 중으로 미루었건만. 이처럼 농사가 시작됐으니 엄두를 내기 어려울 것이고, 게다가 드문드문 민박 예약도 잡혀 있어 마땅히 빈 일정을 찾을 수도 없을 것이다.

그 흔한 봄나들이 한번 못한 채 봄을 보내고 여름을 맞이하겠지. 마당 여기저기서 피는 꽃들의 잔치를 보며 봄내음이라도 맡으련만 화무십일홍이라 매화도 앵두꽃도 배꽃도 살구꽃도 복사꽃도 한 줄기 봄비에 사흘을 견디지 못하고 속절없이 져버리는구나.

하늘하늘 날갯짓으로 다가오던 나비도, 닝닝거리며 꽃가지 사이를 날던 벌떼도 지는 꽃잎 따라 떠나버리고 허심한 봄 가랑비만 스렁스렁 마당을 가득 채우고 있구나.

저 산 너머엔 천천히 흐르는 넓은 강과, 한때 옛 친구가 잠시 머물렀다는 강마을이 있고, 강 끝자락으로 흘러 내려가면 하루 서너 대 보급열차가 서는 조그만 기차역이 있다고 하는데 아, 이 봄에 나는 저 산을 넘어가 보지도 못하는구나. 기차를 타고 동해 바다까지 나가보려던 꿈을 앵두나무 꽃그늘 아래 묻고 말았네.

소란한 세상을 등지고 앉아서

애꿎은 마음에 비가 내린다. 세상은 소란하구나. 도의원 선거에 나서는 지인으로부터 오랜만에 소식이 오고, 시장 선거에 나서는 한 다리 건너 대충 아는 지인으로부터 카톡이 오고, 내가 사는 여기 함양 군수 후보와 군의원 후보들의 알림 문자가 시도 때도 없이 와서 쌓이는구나.

선거에 보태줄 돈도 없고, 멀리 있어 표도 없는 여기 지리산 산골에 사는 내게 왜 그런 소식이 와 닿는지 까닭을 알 수는 없지만 그래도 지인이라고 전해주는 소식이 아니 반가울 리야 있겠는가. 허나 건네줄 소식이 마땅찮으니 그 또한 짐이 되고, 스스로 허탈해지기도 하는구나. 전자 우편함을 열어본지도 참 오래되었네.

군둥내 나는 묵은지를 씻어 밥을 먹자. 아내는 쑥국을 끓이고, 쌉싸름한 머위된장무침을 한다. 밥을 먹고 가랑비 사이를 걸어 밭을 둘러봐야지. 밭두렁 양지 쪽에 더덕 순은 올라왔겠지. 아직 비어 있는 고랑엔 근대씨를 넣고 양배추를 심어야겠지. 수박과 참외 모종은 어느 고랑에 심어야 할까. 옥수수씨 묻을 자리에 퇴비가 모자랄지도 몰라.

나는 밭두렁에서 하릴없이 발돋움을 하게 될 것이다. 비안개가 온몸을 덮어오고, 그 사이 야속하게 앞을 가로막고 선 저 우람한 능선에 산벚꽃은 피고 지겠지.

기적을
부른
고구마 혁명

"올해는 양파와 감자가 좀 팔리려나?"

들창이 훤하게 밝아올 쯤에 눈을 떴다. 겨울엔 한밤중일 시각인데 요즘은 일하기 좋은 시각이다.

"뭐, 감자 양파는 많이 주문 안 하던데."

이불을 뒤집어쓴 채 아내가 말을 받았다. 올해는 양파도 감자도 작년보다 두 배는 더 심었다. 작황도 좋아 감자 순은 무릎까지 자랐고, 양파 대궁도 굵기가 보통이 넘었다.

요 며칠 새벽녘 눈을 떠 엎치락뒤치락하면서 양파와 감자 팔 궁리에 잠을 설치기 일쑤였다. 감자 값이 비싸 감자탕에 감자 찾

아보기 어렵다고 하지만 감자 수확철에 들어서면 감자 값이 폭
삭 떨어질 것은 보나마나한 거고, 양파도 마찬가지일 것이다. 해
마다 그래왔으니까.

　"올해는 무슨 감자를 그리 많이 심는가 모르겠네?"
　감자를 심던 날 아내가 구시렁거렸었다.
　"해마다 먹을 감자가 모자라더만. 잔챙이만 남고."
　사실 그랬다. 조금 심은 감자 굵은 놈 가려 팔고, 여기저기 나
누어주다 보면 달걀보다 작은 놈들만 남았었다. 그 작은 감자를
손질해 반찬을 만드는 아내가 애처롭고 안쓰러워 올해는 기필코
주먹덩이만큼 굵은 감자를 내년 봄 햇감자 나올 때까지 먹을 만
큼 남기리라 마음먹었었다.

언제나 농사에선 잔챙이만 남는다

농부가 시장에 가서 굵은 감자를 사는 일이란 얼마나 쪽팔리는
가. 그래서 올해는 닥치는 대로 씨감자를 구했고, 씨감자를 한
바가지 남길 정도로 많이도 심었다.
　양파도 마찬가지였다. 우리 가족은 특히 양파를 좋아하고, 많

이 먹어 해마다 봄이면 일찍도 나오는 하우스 햇양파를 사 나르기 일쑤였다. 그래서 지난해 가을 작정하고 양파를 심었고, 다섯 번씩이나 물을 주었더니 뿌리가 잘 내려 겨우내 얼어 죽은 것도 별로 나타나지 않았다.

밭에 나갈 때면 울창한 양파밭과 감자밭을 바라보는 흐뭇함에 전율을 느끼기도 한다. 양파와 감자의 속살이 차오르는 시기에 비가 적당히 내려주기도 해서 대풍을 예감하는데 가슴 한쪽엔 또 근심이 똬리를 틀고 앉았다. 양파는 못해도 한 트럭 분량은 수확할 것 같고, 감자도 양파 못지않게 캘 것 같은데 이걸 다 어떻게 처리하느냐는 고민이 드는 것이다.

"거기 양말 하나 꺼내주소."

아침밥을 먹고 밭일을 나가려는 참이었다. 아내가 양말을 한 켤레 휙 던져주는데 늘 신고 다니는 같은 종류의 양말이었다. 우리 집 양말통 절반을 이런 모양의 양말이 차지하고 있다.

다섯 해쯤 전에 고구마를 엄청 많이 캤었고, 그때 그 고구마로 물물교환을 했는데 안산의 한 지인께서 양말을 어마어마하게 보내주었다. 나는 고구마 세 상자를 춘천에 계시는 그 지인의 할머니께 보내드렸던 기억이 떠올랐다.

그때 나는 고구마 물물교환으로 기적을 만들었다. 화장품 안

사기로 유명한 아내의 화장품도 받았고, 치약과 비누는 얼마나 많이 받았는지 아직도 민박 손님용으로 쓰고 있다. 작업복으로 쓸 재활용 옷가지도 왔고, 심지어는 건어물도 받았고, 귀하다던 더치커피도 받았고, 내가 좋아하는 독한 술도 왔고, 샴푸며 세제까지 온갖 생필품을 한가득 장만할 수 있었다.

거저 나누기에도 비정한 세상

"이 양말 아직 많이 남았나."

나는 어느새 그 고구마 혁명을 떠올리고 있었다.

"아니, 이제 다 떨어져가요."

하긴 그럴 만도 하겠다. 우리 이웃들은 요즘도 종종 우리가 그때 나누어준 양말을 신고 다니신다. 그때 많은 양말을 받은 우리는 이웃집마다 양말을 한 묶음씩 나누어드렸다.

"우리 올해 저 감자 양파 물물교환 할까? 그때 고구마처럼."

양말을 신다 말고 방으로 들어와 아내와 마주 앉았다.

"그때는 그때고. 요즘도 그런 사람이 있을라고."

"암만해도 감자 양파 다 팔아먹기는 글렀고, 그렇게라도 해봐야지."

"감자 양파는 고구마하고는 달라요. 사람들이 그리 많이 찾지 않으니."

아내는 해봤자 잘 안 될 거라는 표정이었다. 나도 잠시 생각해 보니 그렇겠다 싶었다.

고작 천여 평 밭농사를 하는데 거기서 수확하는 것조차도 이토록 처분이 어려울까. 꼭 팔아서 처분하지 않는다 하더라도 여기저기 나누고 싶기도 한데 이게 누구에게 얼마나 필요할지 알수도 없는 노릇이었다. 그것도 거저 얻어먹는 것을 달가워하지 않을 수 있을 것 같기도 해서 함부로 여기저기 보내 줄 수도 없는 일이었다.

가끔 이런 상황을 잘 아는 지인은 꾸러미사업이라도 해보라고 권했다. 작년엔 하루아침에 스무 개가 넘는 가지와 오이를 따고, 파도 한 아름이나 수확하면서 꾸러미사업계획을 세워보기도 했었다. 하지만 다른 농산물은 우리가 먹고 남기는 것이 기껏 대여섯 집이나 나눌 수 있을까 말까한 양이어서 그것도 할 일이 아니었다.

매일 아침 일찍 일어나 즐거운 마음으로 밭으로 간다. 하루가 다르게 커가는 오이, 호박덩굴이나 속이 차오르는 봄배추 포기를 바라보면 환장할 듯한 아름다움에 겨워하기도 한다.

그러면서도 애지중지 가꾼 저것들을 버리면서 얼마나 괴로워해야 할지를 생각해본다. 막상 거저 주려고 해도 받을 이가 흔치 않은 이 세상의 비정함을 생각해본다.

혁명적인 거래, 물물교환

올해는 고구마 심는 면적을 많이 줄여 채소류 면적이 더 늘었다. 고추 종류만 해도 일반 고추 오백 포기에 청양고추, 오이고추, 당조고추, 보라고추, 엄지고추, 꽈리고추, 피망, 노랑 · 주황 · 빨강 파프리카까지 심었다.

오이도 가시오이, 노각오이, 토종오이까지 골고루 심었다. 파도 지난해 세 배는 더 심었고, 처음으로 안 심던 산마까지 몇 고랑 심었다. 이러니 올해도 예년처럼 수확한 농산물 앞에서 막막해하게 될 것은 불을 보듯 뻔하다.

어떻게 할까.

먼저 생활비를 위해서 적당량은 팔게 될 것이다. 생면부지인 우리 가족에게 기초의약품을 정성껏 챙겨 보내주셨던 서울의 그 약국 주소를 상자 위에 또박또박 적을 것이다.

사람답게 살아보려고 몸부림치는 현장에 밥을 지어 나르는 그 봉사단체에도 기분 좋게 기부할 생각이다. 혹여 꼭 필요한 곳을 알려준다면 거기에도 미련 없이 보내줄 생각이다.

그때 그 고구마 혁명 때처럼 안 쓰는 양말이나 장갑을 보내주는 이가 있으면 좋겠다. 여성용 화장품이나 비누, 세제 따위를 보내주는 이가 있으면 좋겠다. 내 허리치수에 맞는 재활용 작업복 바지와 신을 만한 헌 신발을 보내주는 이가 있으면 좋겠다. 내가 좋아하는 도수 높은 술도 한 병 살짝 끼워 넣어서 보내주는 이가 있으면 더욱 좋겠다.

앞마당 감나무 그늘 아래 햇감자 햇양파를 정성껏 담아놓고 즐거운 마음으로 택배기사를 불렀으면 좋겠다.

마침내
고추농사로
돈맛을 보다

시월에 접어들자 평상이 한산하다.

밭갈이하고 씨 뿌려놓고 지금껏 알콩달콩 이웃끼리 모여 세월을 넘기던 평상이었다. 오후에 찾아본 평상은 빈 사탕통과 서늘한 바람에 떨어진 감나무 잎만 굴러다닐 뿐이었다. 바야흐로 추수철이다. 지금부터 내년 봄까지 이 평상은 저처럼 비어 있을 것이다.

내 시간도 많이 바빠질 것이다. 누렁호박 따들이랴, 박 따와서 바가지 만들랴, 고구마 캐랴, 팥 들깨 타작하랴, 품 갚으랴, 산마 우엉 생강 토란 캐랴, 대파밭 이랑 북돋우랴, 무청 엮어 걸고 무말랭이 만들랴, 양파 마늘밭 장만하고 모종 심으랴, 감 따서 곶감 깎으랴, 화목보일러 손보랴, 김장하랴.

그 사이 이 눈부시고 화려한 계절은 다 가버리고, 허옇게 서리가 내리고, 눈발이 날리는 황량한 계절이 남았을 것이다. 사랑방에 모여 가보패를 떼고, 가끔 자장면 내기 민화투판을 벌이고, 쓸쓸히 돌아와 드러누우면 겨울 폭풍에 삭정이 떨어지는 소리 요란한 밤이 남았을 것이다. 솔부엉이 우는 소리 들으며 흘러간 청춘이 그립고 아쉬워서 베갯잇을 적시는 기나긴 밤이 남았을 것이다.

"내년에 고추 심을 밭 한 떼기 빌릴 수 없을까?"

토란대를 까는 시끄러비아지매와 소주병을 앞에 놓고 마주 앉은 어제 오후였다. 마당에 널어놓은 끝물고추가 지는 햇살을 받아 유난히 붉게 비쳤다.

내년엔 고추를 좀 더 심어볼까 하는 생각에서 혼잣말처럼 중얼거렸다. 올해 우리 고추농사는 풍작이었고, 고추금도 좋았다.

"얼마나?"

"한 이백 평쯤."

"그래도 고추농사만 한 게 없어. 시절만 잘 맞추면 돈도 되고. 내가 한번 알아보지 머."

시끄러비아지매는 나를 동생으로 불렀고 아내를 올케라 불렀다.

욕심은 부질없이 늘어나고

이 산마을로 들어온 지 서너 해 되었을 즈음 평상에서 술판이 벌어졌다. 술에 취한 시끄러비아지매가 술에 취한 나를 보고 동생 하자는 제안을 했고, 내가 흔쾌히 그러자고 했다. 앞에서는 '누님' 돌아서면 '업순아지매'로 부르는 나와는 달리 지금껏 내 호칭은 동생이었고 아내의 호칭은 올케였다.

"그나저나 몸이 감당할랑가 모르겠네."

술잔을 들면서 나는 포옥 한숨을 쉬었다. 안주로 놓인 홍시가 마당에 널린 고추처럼 붉었다.

"앗따. 젊으나 젊은 놈이 그게 내 앞에서 할 소리가."

시끄러비아지매는 그 투박한 손으로 내 어깨를 툭 쳤다.

군민체육대회에서 십 년 연속 여자씨름에서 우승한 아지매였다. 어깨가 욱씬 했고 손에 든 술잔이 출렁이며 쏟아졌다. 그래도 조금도 밉지 않은 이웃이었다.

"지금 농사도 힘에 부치는데 또 늘리면 되것소."

"우리 농사짓는 거 봐라. 니 열 배는 더 된다."

시끄러비아지매는 마을에서 트랙터까지 갖춘 대농이었다. 논
농사만 열댓 마지기였고, 밭농사는 스무 마지기가 넘었다. 거기
다 소도 서너 마리 키운다.

"그러니까 그리 골병이 들어 툭하면 병원이나 가고 그러지. 내
년부턴 농사를 좀 줄여요. 돈도 안 되고 골병만 드는데."

"그래. 그래야 되는데."

토란대를 까는 손끝이 많이 떨렸다.

하나둘 쓰러져가는 이웃들

요 몇 해 전부터 마을에서 농사를 더 늘린 이웃은 넷이었다. 박
샌과 구샌과 하여사댁 아저씨와 명완이 형. 명완이 형만 용띠고
다들 칠십대 노인이었다. 그런데도 농사를 늘려 마을 묵정밭이
란 묵정밭은 모조리 그 넷에 의해 다시 개간되었다. 주로 콩과
팥과 들깨 따위를 심었다.

가끔 마을을 찾아오는 이동 건강검진 차량에 의존해온 늙은
부부가 농사를 늘렸으니 몸이 성할 턱이 있나. 먹는 것은 부실하
고 하는 일은 늘었으니 당연히 아파 드러누울 수밖에 없었다.

하여사댁 아저씨가 먼저 병원으로 갔다. 벌써 몇 번째 입원과 퇴원을 되풀이했다. 그러는 사이 기력이 쇠해져 매일 하던 밭 나들이도 뜸했다. 엊그제는 철푸덕 주저앉아 밭을 기어다니다시피 하며 고구마를 캐고 있었다. '아이고. 이제는 아무 일도 못하것네. 몸이 말을 안 듣고, 통 힘을 쓸 수가 없어.' 지난번 골목에서 마주쳤을 때 신음처럼 흘리는 말이었다.

다음으로 구샌이 병원을 다녀왔다. 전해 듣기로는 암이라고도 하고, 정확한 병명을 잘 모른다고도 했다. 큰 병원으로 나가 치료를 했다고 하는데 가끔씩 마주칠 때 보면 그이도 많이 말라가고 있었다. 이른 봄부터 밭갈이를 하던 예년과 달리 올해는 병원 들락거리느라 망종이 다가오도록 밭은 묵어 있었다. 느지막이 밭을 장만해 콩이며 들깨를 심었는데 잡초가 수북했다.

다음은 명완이 형 부인이었다. 허리에 복대를 차고 그 많은 밭일을 품앗이 한번 없이 해냈었다. 마침내 허리에 큰 고장이 났고, 봄 일을 다 마치기도 전에 병원에 들어가 허리 수술을 했다. 지금은 지팡이에 의지해 어기적어기적 걸음을 옮기는데 이제 영영 농사일은 글렀지 싶었다. 어쩌다 밖을 나와도 열 걸음 가다 한 번 쉬기를 반복하고 있었다.

비라도 내릴라치면 읍내 병원으로 가는 이웃들이 완행버스에 만원을 이루었다. 대개 정형외과였다. 골목과 농로엔 장애인용

전동차가 해가 다르게 늘어가고 있었다. 아랫집 할머니는 이제 걸어서 방 밖으로 나오지 못하고, 골목 안집 김샌은 마침내 요양원으로 보내졌다. 독거노인 이동 목욕차와 방문요양사가 쉴 새 없이 마을을 들락거렸다.

"욕심 좀 부리지 마소."

"욕심은 무슨. 아직은 할 만하니까 해본다는 거지."

집으로 돌아와 고추 심을 밭이라도 조금 더 구해봐야겠다는 말을 꺼냈을 때였다.

나의 농사에 대한 열정과 예의를 아내는 욕심으로 단정 짓고 있었다. 올해 처음으로 농사지은 고추 팔아 살림살이에 보태고 보니 나름 보람도 컸었다. 거기에다 농부로써 자존감도 서고, 가장으로 뿌듯한 맘도 들어 농사를 조금 더 늘리려는 거였다.

"나보다 더 늙은 사람들도 그만큼은 하잖아. 고추 심을 밭이라도 조금 더 있으면 감자 양파를 조금 더 심을 수도 있고."

"아이고야. 있는 밭만큼만 하면 되지."

"아니, 고추는 돌려가며 심어야 하는데 저쪽 밭은 산그늘이 너무 빨리 내려서 고추가 잘 안 익을 것 같아서."

"그럼 재작년엔 왜 농사 못하겠다고 그 좋은 밭 다 내줬소."

이 대목에서 말문이 탁 막혀버렸다. 조금씩 조금씩 늘려온 농토가 서너 해 전에는 열 마지기나 되었다. 심지어는 벼농사도 했었다. 고구마를 백 상자 넘게 캐기도 했었다.

열정과 욕심의 경계에 서서

그때 내 몸은 발목에서 머리끝까지 안 아픈 곳이 없었다. 손가락 마디마디가 쑥쑥 아렸다. 계속 이러다간 끝끝내 골병이 들어 옴짝달싹도 못할 것이라는 두려움이 앞섰다.

이웃 노인네들의 기울어버린 삶이 눈앞에 어른거렸다. 밭주인이 내게 빌려준 밭을 돌려달라고 했을 때는 오히려 고마운 맘이 들기도 했다.

농사에 지친 나는 먼저 벼농사를 포기했다. 벼농사는 내 의지와는 달리 모든 일을 기계에 의존해야 한다는 이유에서였다. 이듬해는 개울가에 있는 밭농사를 포기했다. 밭주인이 돌려달라고 해서 내주었지만 더 이상 농사를 늘리지 않았다. 지금 남아 있는 농사는 겨우 다섯 마지기였다.

"그래도 한 이백 평은 더 할 수 있을 것 같은데."

한사코 반대하는 아내 앞에서 나는 자꾸만 이 말을 중얼거렸다.

언뜻 무릎이 저려왔다. 문갑 아래 두 통의 부항기 상자가 눈에 띄었다. 언제나 그랬듯 무심코 다리를 쭉 폈다 오무렸다를 몇 번 반복하는데 아내가 혀를 차며 자리에서 벌떡 일어나는 것이었다.

"저, 저것 좀 보소. 저러면서 무슨 농사를 늘린다고."

그래, 이것은 확실히 욕심이었다.

농사에 대한 열정이나 예의 따위는 개뿔. 고추를 팔아 돈맛을 봤기 때문이겠지. 내가 무슨 농사 박사도 아니고, 그나마도 날씨가 도와 고추를 좀 더 딸 수 있었던 거 아니더냐. 기계에 의존하는 농사가 싫어서 벼농사를 포기했다고? 염병할. 돈이 안 되어 포기한 주제에 농부의 보람이고 자존감은 무슨 개 풀 뜯어먹는 소리란 말이냐.

누굴 만나거나 어느 자리에서나 유기농 소농임을 자랑했었다. 이 산골에서 농사를 하며 사는 내게 그것은 누구도 범접할 수 없는 긍지였다.

그러면서도 삼복더위 염천 아래 풀을 베고 김을 매면서 제초제 한 통으로 일을 끝내는 이웃을 얼마나 부러워했는가. 백 포 이백 포 퇴비를 지게로 져 나르면서 화학비료 한두 포 간단히 뿌리고 일을 끝내는 이웃이 얼마나 부러웠던가. 하루에도 서너 번씩 땀에 쩐 옷을 갈아입고 물비누로 몸을 씻으면서 이게 무슨 친환경 농사냐며 속으로는 얼마나 많은 투정을 부렸던가.

"밤에 낑낑거리면서 앓지나 말던가!"

농사를 더 늘려보겠다는 것은 한순간 돈에 끌려 부려보는 내 욕심이었을 뿐, 아내는 이 한마디로 내 바람을 허망하게 꺾어버리고 말았다. 보잘 것 없는 농부의 저녁은 또 그렇게 쓸쓸히 어둠속으로 가라앉고 있었다.

쌀농사를
버리며

논밭이 비자 집 안이 풍성하다.

아래채 툇마루엔 이런저런 자루가 가득하다. 가을은 그렇게 집 안으로 들어왔다. 빈 논밭 고라니 발자국마다 겨울이 조금씩 두께를 더해가는 나날.

얼추 스무 되나 되는 들깨는 잘 말려 갈무리했고, 산마와 토란은 종이상자에 담아 아래채 아궁이 곁에 덮어두었다. 대추는 말려서 양파망에 담아 아래채 처마 아래 대롱대롱 걸어두었고, 겨우내 먹을 고구마는 안방 구석에 쌓았다.

아직 마루에서 뒹구는 누렁호박은 오가리(길게 오리거나 썰어서 말린 깃)로 만들어야 하고, 채반에 말린 우엉은 볶아 우엉차로 만들어야 한다. 은행과 호두와 땅콩은 너무 마르기 전에 껍질 까서 냉장고에 넣어야 하고, 더 추워지기 전에 메주를 쒀서 안채 처마 아래 걸어야 한다.

빈 가지에 걸린 햇살만큼이나 가을도 짧게 남았다.

"보소. 작년에 샀던 쌀 올해는 못 살까?"

며칠 전 골목에서 마주친 뒷집 두부박샌댁이 나를 붙잡았다. 젊어서 두부를 하여 팔러 다녔다고 해서 붙여진 택호가 두부박샌댁이었다.

"아, 그때 그 쌀 말이지요?"

퍼뜩 작년 일이 생각났다. 읍내에 커다란 식자재마트가 개업을 했는데 20kg짜리 쌀 한 포에 이만 칠천 오백 원이었다. 싸도 너무 싸다 싶었다. 전단지를 받아와 평상에서 펴 보이며 이런저런 물건 가격을 설명하는데 뒷집 아주머니가 그 쌀을 좀 사달라고 했고, 두 포대를 사드린 적이 있었다.

"요즘 쌀값이 너무 올라 이십 키로 한 포에 오만 원 아래로는 없어요."

"그러게. 올라도 너무 올라서 큰일이네……."

"내가 다음에 읍내 나가면 큰 마트에 쌀값 알아보고 말씀드릴게요."

뒷집 아주머니는 낙담하는 눈치가 역력했다.

볏가마를 잃어버린 가을

그런 쌀값으로 어려움을 겪는 사람은 비단 두부박샌댁만이 아니
었다. 마을 사람 대부분이 그랬다. 그 많은 논들은 거의 밭으로
바뀌었다. 논농사가 밭농사보다 훨씬 쉽지만 돈이 안 되어 포기
하고 밭작물을 심기 시작했다. 논농사를 하는 집은 열 손가락으
로 꼽아도 모자랄 지경이었다. 영남아지매도 좀 싼 쌀이 어디 없
느냐고 물어왔고, 옆 골목 노샌도 쌀 걱정을 늘어놓았다.

우리도 마찬가지였다. 논을 빌려 몇 년 쌀농사를 했었다. 네
마지기 쌀농사를 했는데 겨우 20kg짜리 스무 포가 나왔다. 논 임
대료로 네 포 주고 나니 열여섯 포 남았는데 농사에 든 비용은
고사하고 우리 한 해 식량에도 모자라는 것이었다. 밑져도 한참
밑지는 농사였다. 세 해 쌀농사 끝에 영영 포기해버렸다.

"인터넷으로 쌀 시켰어."

아내가 밥상머리에서 말했다.

"얼마래?"

"오만 원, 이십 키로에."

"인터넷에서도 비싸네?"

"마트에 가봤는데 오만 원 밑으로는 없어. 다 육만 원 가까이 하더라고."

"햅쌀 풀리면 좀 안 떨어지려나?"

나는 마른입맛을 다셨다. 퍼뜩 내년엔 쌀농사도 좀 해볼까 하는 생각이 스쳐지나갔다. 쌀값이 이대로 고정된다면 밭으로 쓰는 논에 다시 쌀농사를 하겠다는 이웃이 늘 것 같다는 생각이 들었다.

쌀농사를 했을 때의 가을은 가을다웠다. 마당 한쪽에 볏가마가 수북이 쌓였을 때의 가을이 그야말로 농부의 가을이었다. 방앗간을 다녀와 큰집에도 사돈께도 쌀 한 포씩 보내주려 택배기사를 기다릴 때의 그 기분이 그야말로 가슴 벅찬 농부의 기분이었다.

직접 지은 햅쌀로 처음 밥을 지었을 때의 그 감격스런 순간은 영영 잊을 수 없을 것 같았다. 쌀농사를 시작한 첫 해 그 가을, 방앗간 트럭에 쌀 포대를 싣고 집으로 들어설 때의 나는 이 세상 그 무엇에도 흔들리지 않을 것 같았다. 그해 가을 그 햅쌀로 지은 고봉밥을 먹을 때가 내 인생에서 가장 빛나는 순간이었을 것이다.

　몇 년째 볏가마를 들이지 않는 가을을 맞이하면서 쌀농사를 해야겠다는 생각을 가져보지 않은 적이 없었다. 그러나 막상 농사를 시작하는 봄을 맞이하면 경제성을 따지게 되고, 내 몸 상태를 돌아보면 쌀농사는 도무지 엄두가 나지 않았다. 쌀 한 포를 오륙만 원에 사먹어도 그것이 더 편하다 싶었다.

　그런 쌀값이 막상 오만 원이나 하니 자꾸만 묵은 논에 눈길이 가는 거였다. 너댓 마지기만 지어도 양식은 걱정 없을 거였다. 허리, 무릎, 손가락 마디마디가 아프다가도 농사철이 되면 가라앉는 것이 농부의 몸이다. '건너편 묵정논 주인을 찾아가볼까?' 하는 생각이 떠나질 않았다.

나는 과연 옳은 농부인가

엊그제가 농민의 날이었다. 많은 농부들이 서울에서 데모를 했다는 소식도 들었다. 조금 오른 쌀값을 내리려는 정부에 저항하는 농부들의 모습이 눈에 선했다. 식당에서 파는 공기밥 한 그릇 쌀값이 삼백 원에도 못 미친다고 한다. 라면 반 봉지 값도 안 된다.

　라면 하나는 예사로 끓여먹으면서 한 공기 삼백 원 하는 쌀값이 비싸다고 생각하는 나는 정녕 농부인가. 쌀농사는 돈이 되지 않는다고, 이 정도 쌀값이면 사먹는 편이 훨씬 경제적이라고 생각한 나는 옳은 농부인가. 조금 오른 그 쌀값을 비싸다 여기면서 포기했던 쌀농사를 다시 시작해보려 마음먹는 나는 진정한 농부인가.

양파농사나 잘 지어야겠다. 올해처럼 감자농사도 잘 지어야겠다. 고구마도 조금 더 심어야겠다. 쌀농사 열심히 하는 농부님들 쌀을 고맙게 여기면서 사먹어야겠다. 한 공기 사백 원으로 오른 쌀값을 다시 삼백 원으로 내리려는 정부에 대들어 데모하는 농부님들께 응원의 박수도 보내면서 살아야겠다.

오늘부터 김장 준비를 한다. 툇마루를 가득 채운 고추포대는 방앗간에 보내 빻아오고, 부대에 담긴 생강도 손질해야 한다. 멸치젓갈 달이는 아궁이 앞에 앉아 마늘도 까야 한다.

그러다가 오후, 산그늘이 내리고 쓸쓸함이 몰려오는 시각에 작은 손수레 끌고 오솔길을 걸어갈 것이다. 숲 언저리 주인 잃은 야생모과나무에서 샛노랗게 익은 모과를 따올 것이다.

그렇게 마지막 남은 햇살의 온기마저 집 안으로 들이고 나면 빈 밭엔 서릿발이 돋고, 빈 오솔길엔 꿈처럼 하얗게 눈이 쌓이겠지.

그래, 딱 이렇게만 살자.

결혼기념일에
날품을 팔러
나가버렸다

'오늘 품삯 받는다. 퇴근할 때 족발 하나 사오너라. 실상사 앞한생명에 들러 서하 좋아할 만한 라면도 좀 사고.'

오후 쉴참을 먹고 아들께 문자를 보냈다. 내가 처한 난감한 상황을 벗어나려면 어떻게든 판을 만들어야 했다. 엊그제 읍내에 나가 자목련과 백목련을 한 그루씩 사와서 심어준 것으로 아내의 켕긴 마음을 풀어주기에는 많이 모자란 듯했다.

"이번엔 여행은 기대하고 있었는데."

결혼기념일 저녁이었다. 밥상을 앞에 놓고 아내가 중얼거렸다.

"우짜노, 할 수 없지. 일이 그렇게 되어버렸는데."

내 목소리엔 피곤함과 짜증이 좀 묻어 있었다.

올해 결혼기념일엔 여행을 가기로 작정하고 있었다. 한 달을 남겨놓고부터 어디로 갈 것인가를 고민하기 시작했다. 지도를 펴놓고 그림을 그렸었다.

남원역에서 무궁화호 기차를 타고 논산 강경으로 가서 젓갈박물관을 보고, 거기 근대문화유산도 찾아보고 다시 무궁화호를 타고 목포로 가서 '창성장'에서 하룻밤을 잔다. 다음 날 우리가 신혼여행에서 올랐던 유달산을 손잡고 올라보고, 땅끝마을로 이동, 노화도 거쳐 보길도 몽돌해변 찰싹거리는 파도 소리를 들으며 민박집에서 하룻밤을 묵는 거야.

아니지. 아내가 이 코스를 좋아하지 않을 수도 있어. 차라리 더 먼 동해바다를 보러 갈까.

남원역에서 무궁화호 타고 조치원으로 간다. 조치원에서 충북선으로 갈아타고 제천으로 간다. 거기서 태백으로 가는 거야. 다음날 태백에서 탄광박물관을 찾아보고 동해바다가 아름답게 펼쳐진 묵호항으로 가는 거지. 다음 날 또 무궁화호로 영주로 가서 무량수전 배흘림기둥에 기대어 기념사진을 찍자. 다음 날 경북선으로 갈아타고 김천에 도착, 아직 가보지 못한 직지사도 가보고, 거창을 지나 지리산으로 들어오면 되겠지.

날품 파는 봄날, 여행계획은 꿈으로만 남고

이번 결혼기념일엔 벼르고 벼르던 이박삼일 여행을 꼭 가려고
했다. 우리 누리집 민박 예약상황판에도 '민박 안 됨(여행)'이라
고 적어두었다. 해마다 여행을 계획하지만 벌써 삼 년째 여행 한
번 다녀오지 못했다. 올해는 어떻게든 떠나야 한다며 석 달 전부
터 맹서를 하고 다짐을 해왔다.

그런데 일이 틀어져버렸다. 삼월에 접어들며 고사리 뿌리 캐
는 날일을 나가면서부터였다. 마을 아녀자들 몇몇과 어울려 이
웃 마을로 날품을 팔러가는 일이 생겼다. 하루 임당은 십이만 원
으로 녹록치 않은 벌이다. 특별한 고정수입이 없는 나로서는 한
달에 닷새 만이라도 날품을 파는 일이 생기면 좋겠다는 생각을
해왔다.

특히나 이월과 삼월은 일 년 가운데 민박 손님이 가장 뜸하다.
그야말로 춘궁기인 셈이다. 이런 춘궁기에 일당벌이 날품을 팔
수 있다는 것을 고마워해야 할 일이었다. 결혼기념일 당일도 일
감이 있었고, 하루걸러 다음 날도 일감이 있었다. 그렇게 띄엄띄
엄 날품을 나흘이나 팔게 되었다.

일이 이렇게 흐르다 보니 밭일도 쌓여갔다. 이웃들은 여태 감
자를 놓지 않는다고 성화였다. 지금껏 거름도 뿌리지 못한 밭을

보노라니 막막하고 기가 찼다. 봄비가 잦아 일할 수 있는 날이 많지도 않은데 날품팔이에 밭일 돌볼 겨를이 없었다. 여행은 까마득한 옛 꿈이 되어버렸고, 하루하루 끙끙대야 할 노동만 남은 봄날이었다.

품삯을 받았다. 제법 두툼한 봉투였다. 감자밭 고추밭 밭갈이 트랙터 비용 주고 나면 거덜나겠지만 이 봄을 견디게 해주는 고마운 봉투였다.

아들놈은 와인도 한 병 사고 족발에 매운갈비찜에 순대국까지 사왔다. 그쯤은 차려야 어머니의 서운한 기분이 풀릴 거라고 믿었던 모양이다. 칠만 원이 한꺼번에 빠져나갔다.

"사월에 날 잡아 어디 한번 다녀오지."

"어찌 믿어."

아내에게 별로 신뢰를 주지 못한 삶이었기에 내 중얼거림은 물컹했고, 아내의 반응은 짧았지만 단단했다.

"그래요. 집은 우리가 봐드릴 테니까 날 잡아서 한번 다녀오세요."

보름이가 거들고 나섰지만 아내의 표정은 변함이 없었다. 사월이 와도 즐거운 여행을 갈 수는 없을 거라고 믿고 있었다. 그렇게 살아온 세월이었으니까. 속고 포기하고 실망하고 그러면서 건너온 세월이었으니까.

수국이 피기 전엔 꼭 무궁화호 기차를 탈 거야

아내와 여행을 다녀온 것은 손으로 꼽을 지경이었다. 사진첩을 뒤적여봐도 여행을 다닌 사진은 눈에 띄지 않았다. 기껏 찾아낸 것이 아들놈 서너 살 무렵 경주와 구룡포를 다녀온 것이었고, 나머지 사진은 여행이라 할 가치도 없는 것들이었다.

환경운동을 하면서 다닌 생태기행 사진이나 집회현장에 가서 찍은 사진이 그럴싸하게 사진첩에 꽂혀 여행의 흔적을 보여줄 뿐이었다. 새만금 혹은 동강 댐 반대운동이 한창일 때 어라연 계곡 래프팅하는 사진과 가까운 지리산에 오른 사진이 전부였다.

나는 고참 환경운동가로 여기저기 외국도 나다녔지만 아내와 함께 외국을 가본 적이 없었다. 아니, 아내는 혼자서도 외국여행을 해보지 못했다.

그렇게 청춘의 세월을 보내고 여기 산골로 들어오고부터 여행이라는 것을 알게 되었다. 그것도 아내와 함께 단 둘이 떠나는 여행을 처음으로 해보았다. 청산도 청보리밭 아름다운 곡선의 돌담길도 걸어보았고, 증도 태평염전 그 아득한 길을 걷기도 했었다. 운주사 천불천탑에 깃든 새 세상의 염원을 새겨본 것도 이 산골에 와서였다.

여기 오고서야 아내의 삶도 좀 한갓지기 시작했다. 주변 젊은 아녀자들과 어울려 계모임을 하면서 외국여행을 다녀오기도 했다. 그런 나들이를 삼 년째 한 번도 나가보지 못한 상태였다. 가야지 가야지 하면서도 막상 떠나기가 쉽지 않았고 계획은 틀어져버렸다.

사방에서 꽃소식이 들려온다.

서른일곱 해 전 신혼여행에서 만난 유달산 진달래는 피었겠지. 툭툭 떨어지던 동백과 샛노랗게 피어나던 유채의 향연은 서른일곱 해 전에 찍힌 두 청춘남녀의 발자국을 희롱하고 있겠지.

삼등 항해사의 낡은 선실에서 바라보던 바위섬은 거기 그 자리에 기다림으로 남아 있겠지. 청어의 비늘처럼 말갛게 반짝이던 그 바다는 여전히 거기 해변으로 몰려와 쌓였겠지.

아내 몰래 다시 지도책을 펴야겠다. 벚꽃이 지기 전에는, 장미가 피기 전에는, 아니 라일락이 피기 전에는, 아니 수국이 만발하기 전에는 반드시 이박삼일 여행을 다녀와야겠다.

내 밭은
너무나
아름다웠다

감자와 양파 주문이 전과 같지 않다. 그래도 내가 가꾼 감자와 양파는 우리 먹을 것만 남기고 다 팔리곤 했는데 올해는 주문량이 한참 못 미친다. 감자도 풍작이고 양파 값도 폭락했다는 뉴스 때문인가 보다. 팔리고 남는 것은 저온창고에 보관해야겠다며 아내는 저온창고에 양파 쌓을 자리를 마련해두었다.

양파를 갈아엎는다는 소식이 들려온다. 캐는 인건비조차 맞추기 어렵다고 한다. 양파상인이 함양군에 들어와 20kg들이 한 망을 오천 오백 원에 흥정하고 있다고 한다. 지난해는 만 원을 넘겼고, 지지난해는 만 칠천 원까지 받았던 양파였다.

감자 값도 신통치 않다는 소식이다. 지난해 감자는 금(金)자였다. 아이들 주먹만 한 감자 한 톨이 천 원을 웃돌았다. 감자를 수확할 때까지 감자 값은 떨어지지 않았다. 올해는 달랐다. 감자 값은 하루가 다르게 곤두박질쳤다. 노지감자가 쏟아지면 양파 값과 별반 다르지 않을 거란 예감이 든다.

"아버지, 올해는 감자를 기계로 캐요. 감자 캐는 기계 임대해 주잖아요."

"기계로? 감자가 얼마나 된다고."

"그래도 고생 안 하고 쉽게 캘 수 있잖아요. 어머니 허리도 안 좋은데."

"아이구, 그런 말 마라. 캐는 재미도 있어야지."

아침 밥상머리에서 보름이와 나눈 대화였다.

아들놈은 제 마누라 편을 들어 기계로 캐는 것에 찬성, 아내는 미적지근한 표정으로 이야기를 듣고만 있었다.

감자를 캐면서 흙장난을 하는 아내를 본다

무엇이든 수확하는 재미는 농사의 백미였다. 탱글탱글 윤이 나는 가지를 따거나 무성한 호박덩굴 속에 숨은 부드러운 애호박을 따는 것만큼 재미있는 일은 없을 거였다.

싱그러운 파를 뽑아 겉잎을 손질했을 때 드러나는 그 새하얀 속살을 보면 신비롭기까지 했다. 흙을 털어냈을 때의 주황색 당근, 오동통한 콩깍지 속에서 모습을 드러내는 연둣빛 완두콩, 한 꺼풀 한 꺼풀 껍질을 까 들어가면 수줍게 살결을 드러내는 알록달록 옥수수. 바구니 가득 담아 집으로 들어올 때의 발걸음은 개선문을 지나는 영웅과 다를 바 없었다.

그런 재미에 아내는 감자나 양파 캐는 일을 더없이 좋아했다. 감자니 양파를 캘 때면 이른 아침부터 전을 부치고, 달걀도 삶아 마치 나들이 나가는 아이처럼 들뜨곤 했다. 맨발로 밭이랑에 주저앉아 흙장난까지 하면서 감자를 캐는 아내를 볼 때는 내 기분도 한없이 맑아지곤 했다.

보름이가 감자를 기계로 캐자고 했을 때 흘끔 아내를 쳐다보았는데 아내는 퍽 난감한 표정을 하고 있었다.

"감자는 캐기가 수월하고 얼마 심지 않았으니 손으로 캐자."

이렇게 결론지었지만 보름이의 걱정은 쉽게 그치지 않았다.

"그럼 가을에 고구마 캘 때는 꼭 기계 빌려와서 캐는 거예요."

올해 너 마지기, 팔백 평 농사가 늘었지만 나는 기계에 의존하지 않고 농사를 지었다. 기계로 한 것은 밭갈이가 전부였다. 밭갈이는 몸으로 할 수 있는 일이 아니었다. 오백 평짜리 큰 밭은 트랙터를 불러서 썼고, 나머지 밭은 경운기를 빌려와 내가 직접 밭갈이를 마쳤다.

내가 내 손으로 만든 밭이랑이기에

이후 모든 농사일은 내가 괭이 한 자루로 다 일궜다. 모든 밭뙈기 밭이랑을 만들었고, 비닐멀칭이 필요한 작물에는 비닐멀칭도 직접 했다.

"관리기 하나 장만해. 무슨 일을 다 손으로 한다고 그래?"

"건너 박샌께 맡겨요. 한 마지기에 사만 원이면 되드마."

지나가는 이웃들은 나만 만나면 측은지심에 한마디씩 던졌다.

내가 모든 일을 손으로 하는 이유는 간단했다.

내 손으로 만든 밭이랑이 마음에 들었다. 내 손으로 만든 밭이랑이 예뻤다. 내 손으로 만든 밭이랑이기에 함부로 할 수 없었다. 내 손으로 만든 밭이랑이기에 씨앗을 묻을 때도 정성이 더했다. 내 손으로 만든 밭이랑이기에 언제나 깨끗해야 했다. 내 손으로 만든 밭이랑이기에 거기에 화학비료나 농약을 뿌릴 수가 없었다. 내 손으로 만든 밭이랑이기에 거기 자라는 것들이 아름다웠다.

말이 쉬워 내 손으로 한다는 거지 얼마나 힘든 노동이던가. 창이 뿌옇게 밝아오면 밭으로 나가 하염없이 괭이질을 했다. 뿌리작물 심을 밭은 이랑 간격을 좁게 하고 두둑은 살지게 만들었다. 열매작물 심을 밭은 이랑 간격을 넓게 하고 두둑도 살지게 만들었다. 덩굴작물 심을 밭은 두둑을 넓적하고 편평하게 만들었다.

망종 무렵, 콩을 마지막으로 모든 밭이랑에 씨앗을 다 묻었다.

내 밭은 아름답고 싱그러웠다. 초벌 김매기가 끝난 나의 밭을 바라보는 이웃들은 혀를 내둘렀다. 어찌 손으로 그 많은 농사를 다 하느냐는 말은 귀에 못이 박히도록 들었었다. 내가 봐도 내 밭은 너무나 아름다웠다.

아름다운 내 밭에서 아름다운 양파와 마늘을 캐며

양파와 마늘을 캤다.

평상에 모이는 두부박샌댁과 영남아지매와 교회 앞 성샌이 도와준다고 왔다. 아내는 가끔 출몰하는 지네는 아랑곳없이 맨발로 펑퍼짐 주저앉아 양파를 캔다. 무더운 날씨에 팥죽 같은 땀이 흘렀고, 보름이는 팥빙수를 쉴참으로 내와 더위를 식혀주었다.

양파는 좋았다. 예쁘게 커주었다. 잔챙이도 별로 나오지 않았다. 마흔 망쯤으로 예상했는데 쉰다섯 망이나 캤다.

"이 양파는 약일세. 비료도 안 하고 농약도 안 하고 어찌 이렇게 클 수가 있는가."

타는 날씨에 얼굴이 벌겋게 단 성샌이 양파망을 추스르며 말했다.

"그러게 말이요. 휘그이 아부지는 기술자래요. 농사기술자."

두부박샌댁이 말을 받았다. 양파밭 언저리엔 농약 없이 가꿀 수 없다는 브로콜리와 양배추가 무성하게 자라 있었다.

내가 생각해도 나는 확실히 농사기술자였다. 어쩜 이렇게 예쁘고 실하게 양파를 가꿀 수 있단 말인가. 어쩜 이렇게 잘 여문 육쪽마늘을 두 포대씩이나 캐낼 수 있단 말인가.

지난해 가을 양파 모종을 옮겨 심어두고 지금껏 이 밭에 오기를 하루도 거르지 않았다. 폭설에 뒤덮였을 때는 혹시라도 냉해를 입지나 않을까, 봄비가 잦을 때는 혹시라도 습해를 보지나 않을까 밭두렁에 쪼그려 앉아 조바심을 냈었다. 몇 번이나 김매기를 했고, 마침내 이렇듯 아름다운 양파를 거두었다.

무엇 하나 함부로 대하지 마라

양파를 갈아엎는다고 한다. 양파를 갈아엎으면 보상금을 준다는 말도 들린다. 조금이라도 캐면 보상금을 못 받는다고 자기 먹을 것도 남기지 못하고 모조리 갈아엎어야 한단다. 참 가관이고 꼴불견이다. 뭐 이런 세상이 있나 싶다.

어찌 지은 농사인데 갈아엎을 수 있는가. 어찌 함부로 갈아엎어버린단 말인가. 제 손으로 밭을 일구고, 하루도 빠짐없이 밭으로 나가 돌봐온 농부라면 잔챙이 하나라도 함부로 버릴 수 있겠는가.

우루과이 라운드에 맞서 우리 쌀 지키기 운동이 한창이던 시절이 있었다. 당시 나는 진주지역 대책위원회 집행위원장으로 활동했었다. 농민단체는 강했고, 열성적이었다. 그해 가을 함께 하던 농민단체는 황금빛으로 물든 논을 갈아엎어버렸다. 저항의 모습이 이랬다. 나는 심한 충격을 받았고, 환경운동을 선택한 것이 그 무렵이었다.

이후 걸핏하면 갈아엎어버리는 모습을 보게 되었다. 배추밭 갈아엎는 모습은 진저리나게 자주 봐왔다. 파 가격이 폭락하면 파밭을, 양배추 가격이 바닥을 치면 양배추밭을 갈아엎어버리곤 했다. 지난해는 참외가 된서리를 맞더니 올해는 양파가 그 무지막지한 투쟁의 방법에 희생되었다.

해마다 양파를 백 마지기 넘게 심는 농사투기꾼들이 있다고 한다. 돈으로 돈 벌자고 농업을 하는 그들은 무슨 일이 있어도 망하는 법이 없다고 한다. 그도 그럴 것이 양파 가격이 한두 해 폭락해도 한 해만 맞춰주면 거금을 손에 쥘 수 있다고 한다. 올 해처럼 폭락하면 갈아엎어 기본비용을 건진다고도 한다. 그러니 밑지려야 밑질 수 없는 것이 그들 농사업자들 아닌가.

농정당국이란 곳을 나는 모른다. 알려고도 하지 않았다. 당국은 농민을 위해 존재하는 것이 아니라 농사업자들을 위해 만든 기구일 뿐이다. 나는 소농이요, 자작농이요, 자립농이기에 딱히 당국이 필요치도 않았다. 농사일로 면사무소도 농협도 한번 찾아간 적이 없었다. 그저 내가 해낼 수 있는 만큼의 땅을 일구며 살았다.

양파 제값 받기 투쟁을 해야 한다며 여기저기 현수막이 나부끼고 있다.

저 잔챙이 양파 하나하나에 들어있는 농부의 땀과 정성을 함부로 대하지 마라.

제 2 장

가까이 산다고
이웃은
아니건만

무엇이
김장김치의
맛을 만드는가

이웃 할머니 김장김치는 정말 맛이 없었다.

김장을 할 때마다 도와준답시고 가서 거들면 맛보라고 김치를 싸주는데, 가져오긴 하지만 우리 밥상 위에서는 천덕꾸러기로 떠돌다 영락없이 버려진다. 그렇게 맛없는 김장을 할 때면 도시에 사는 늙수그레한 아들과 딸들이 다 모여든다.

아들과 딸들은 문간에 차를 세워놓고 김치통을 내린다. 김장을 하는 마당가에 김치통이 산처럼 쌓인다. 할머니가 품앗이로 벌어놓은 이웃 할머니들이 김치 속을 넣는 사이 할머니의 아들과 딸들은 마당가에 걸린 가마솥에서 삶은 돼지고기를 꺼내와 저들끼리 와자하게 판을 벌인다.

"배추 포기 큰 거는 이 통에 담고."

김치 속을 넣고 있는 이웃 할머니들 사이를 바쁘게 오가며 할머니는 하나하나 김치통을 챙긴다. 큰아들 것을 먼저 담고, 다음은 작은아들, 다음은 큰딸, 다음은 작은딸 순서로 김치통을 채운다.

"양념 아끼지 말고 듬뿍듬뿍 넣어."

할머니는 구부정한 허리춤을 잡고 쉼 없이 김장판을 기웃거리며 김치를 챙긴다.

이웃 할머니의 김장김치가 맛이 없는 이유

점심나절을 지나자 바람은 많이 차가워졌고, 돌담에 기댄 늙은 감나무에서 언 홍시가 떨어진다.

가득 채운 김치통을 싣고 작은아들이 먼저 떠나고, 큰딸과 작은딸이 떠나고, 큰아들이 마지막으로 떠났다. 할머니와 품앗이 온 이웃 할머니들과 볼품없이 자란 속이 덜 찬 배추와 다라(대야)에 찌꺼기처럼 들러붙은 약간의 양념만 남았다.

양념이래야 좋은 고추는 다 내다팔고 서리 내릴 무렵에 딴 끝물고추를 써서 꺼칠꺼칠한 고춧가루에 멀건 육수 붓고 멸치액젓과 마늘 생강 넣어 버무렸을 것이었다. 몇몇 남은 이웃 할머니들이 할머니 몫의 김장을 하는 마지막 손놀림을 보면서 나는 이 김치가 맛이 없는 이유를 알았다.

우리 집 김장이 끝났다. 무농약 무비료로 직접 농사지은 것들을 썼다. 배추는 속이 잘 차서 통통했고, 무는 알맞게 자라 단맛이 뱄다. 고춧가루는 탄저병이 들기 전에 딴 초벌고추를 빻아 색깔이 진홍빛으로 곱다. 봄에 캐서 보관해둔 육쪽마늘도 여전히 여물었고 생강과 쪽파와 적갓도 김장에 쓸 만큼 넉넉하게 수확했다.

아내의 김장은 예사롭지 않다. 음식 공부를 꽤나 한 탓에 건성으로 담글 수는 없었고, 몇 년 전부터 우리 김장김치를 가져가는 사람들이 더러 있어 최고의 맛을 내려고 애를 쓸 수밖에 없는 처지였다.

과일로 단맛을 냈고, 멸치액젓은 우리가 담근 것을 내렸다. 갖가지 재료를 듬뿍 넣어 끓인 진한 육수에 찹쌀 풀을 섞었다.

우리 김장김치는 맛이 좋았다. 김장을 거들러 온 이웃 할머니들도 우리 김장양념 앞에서는 혀를 내둘렀다. 김장이 끝나면 한쪽씩이라도 더 가져가려고 가벼운 다툼이 일어날 정도였다.

그러는 사이 해는 기울고 아내는 절인 배추 포기처럼 지쳐 쓰러졌다. '일을 하자니 약을 사먹어야 하고, 일을 하지 않으려니 굶어야 한다. 일을 하면서 죽을 것이냐, 굶어서 죽을 것이냐.' 얼마 전 친구가 전해준 이 글귀를 떠올리며 나도 쓰러지듯 드러누웠다.

재료가 좋다한들 정성에 비기랴

"욕봤네. 내년부터는 김장을 줄여야지."

새벽녘 아내의 기척에 내가 먼저 말을 건넸다. 아내는 밤새 끙끙거렸다.

"겨울 나려면 그래도 김치를 담가야지."

송장처럼 누웠던 아내가 장롱 쪽으로 돌아눕는다.

"첫차로 나가서 목욕탕 뜨건 물에 몸 풀고 한의원에 가봐."

대화는 짧았다.

나이 들어 노동으로 지친 몸이 쉽게 풀리겠는가. 나이 든 노동에 또 사나흘 허리를 두드리면서 부항기에 몸을 맡겨야겠지.

화목보일러에 나무를 넣고 들어오는데 부엌 한쪽에 김치가 가득 찬 양푼이 보였다. 엊그제 김장을 도와주러 가서 받아온 이웃

97

집 김치였다. 맛도 보지 않고 그대로 밀쳐두어 볼품없이 꺼실꺼실 말라 있었다.

저 김치를 어떻게 하나. 아, 순간 나는 저처럼 말라버린 내 감정이 거기 양푼에 담겨 있음을 보았다.

재료만으로 김치가 얼마나 맛나겠는가. 재료만으로 김치 맛이 좋게 난다면 세상에 맛있는 김치는 널렸을 것이다. 굳이 우리 집 김치를 찾는 이도 없을 것이다.

초벌고춧가루와 끝물고춧가루의 차이가 어찌 사람의 정에 앞서겠는가. 아내의 김치가 어찌 재료의 맛이겠는가. 아픈 몸을 끌면서도 배추밭에서부터 김칫독까지 쏟은 정성을 어찌 재료에 비기겠는가.

오늘 아침 밥상에 저 김치 양푼을 올려야겠다는 생각을 한다. 꺼실꺼실 말라붙은 내 늙은 감정에 이웃 할머니의 삶을 얹어 놓아야겠다는 생각을 한다.

겨울,
경로당 가는 길은
좀 녹았으려나

그 아지매는 많이 외로워보였다. 마을에서 가장 부자로 살고 있는 그 아지매는 또 따돌림을 받은 듯했다. 겨울이면 가끔 저런 모습을 보였는데 올해도 마찬가지다.

겨울이면 나이 들고 홀로 된 아지매들이 모이는 사랑방이 있는데 그 사랑방에서 또 무슨 사단이 일어난 게 분명하다. 필경 자식자랑 재물자랑을 하였거나 남의 험담을 늘어놓다 사이가 틀어졌을 것이다.

며칠 전부터 앞집 유 씨는 경로당에 가지 않는다. 예전에는 골목에 눈이 쌓여 미끄럽지만 지팡이에 의지해서라도 기를 쓰고 경로당을 다녔다. 경로당에 가면 점심 한 끼를 때울 수 있고, 민화투판을 기웃거리며 시간을 보낼 수 있어서였다.

경로당에서 무슨 사단이 일어난 게 분명하다. 회비를 안 내어 핀잔을 들었거나 출세한 자식자랑에 거품을 무는 모습이 보기 싫었을 것이다.

나는 계절 가운데 겨울을 가장 좋아하면서도 마을에 겨울이 오는 것이 싫었다. 봄부터 가을까지는 농사일로 바빠 이웃들이 모일 겨를이 없지만 겨울이면 여기저기 모여서 세월을 난다.

홀로된 할머니들은 노모당에 모이고, 홀로된 아지매들은 사랑방에 모이고, 부부가 함께 살고 있는 사람들은 경로당에 모인다. 노모당에서도 사랑방에서도 경로당에서도 하릴없이 이야기가 넘쳐나는데 대개 치사보다는 험담이요, 얼토당토않은 이야기로 옥신각신하며 하루를 보낸다.

"아버지, 요 아래 집 일억에 내놓았는데 사려는 사람이 금방 나왔대요."

보름이가 말을 건네왔다. 들뜬 목소리였다.

"일억이나?"

나도 놀랐다. 자동차도 들어갈 수 없는 골목 안집이고, 집마저 낡은 시멘트집이고, 대지 백여 평에 마당도 없다시피 한 집이었다.

"아버지, 우리 집 팔고 구례나 하동으로 이사 갈까요? 우리 집은 그 집에 비하면 사억은 훨씬 더 받을 수 있을 건데."

"그래볼까?"

나는 빙그레 웃으며 건성으로 말을 받았지만 그래도 좋겠다는 생각이 번개처럼 머리를 스치고 지나갔다.

마을에서 이웃으로 살고 싶었으나

우리가 이 마을로 들어오고부터 지리산 둘레길이 생겨났고, 마을 방문자가 하나둘 늘어나더니 다랑이논 여기저기에 별장 같은 집이 들어서기 시작했다.

마을을 빙 둘러 열 채가 넘는 새 집이 지어졌고, 얼굴 한번 본 적 없는 사람들이 쥐도 새도 모르게 드나들었다. 사람이 안 사는 것 같은 집인데 주말 밤이면 대낮처럼 불을 밝혔다.

처음엔 어째 사람들이 저리 외롭게 사냐는 생각이 들었다. 사람이라면 마을에서 이웃을 이루며 우리처럼 살아야 한다는 생각이었다. 그래서 처음부터 마을 복판에 있는 이 집을 선택했고, 이웃들과 어우러져 살기를 바랐다.

마을 사람들과는 관계하지 않으면서 산 너머에 있는 같은 귀
농인의 집으로 마실을 다니는 귀농인들을 비아냥거리기도 했었
다. 내 살아온 삶의 역정을 반추하면서 농촌과 농민과 농업에 대
한 고민과 성찰과 행동을 하지 않는 귀농인으로 살아서는 안 된
다는 생각이었다.

진심은 통한다는 믿음은 순박했다. 나는 많은 마을 사람들과
터놓고 지내게 된 귀농 오 년차를 넘기면서부터 마을일을 시작
했었다. 이웃들과 함께 공동사업에 대한 교육장을 찾았고, 영농
조합을 결성해 마을기업을 설립했다. 농촌체험휴양마을로 지정
받아 마을사업 삼 년차에 기천만 원의 흑자를 냈다.

그러나 나는 이방인이었다. '환경운동 지리산 댐 반대하는 놈
에게 마을일을 맡겨서는 안 된다'며 경로당에서 게거품을 물던
토박이의 말 한마디에 모든 것은 끝나버렸다. 함께하던 이웃들
조차 마을 권력을 쥐려는 그들의 눈치를 보기 시작하더니 동회
가 열렸어도 나를 위한 한마디 변론도 해주지 않았다.

겨울 경로당은 그런 자리였다. 이방인의 순수한 열정은 철저
히 농락당했고, 토박이들의 폐쇄성이 마을 골목골목에 차고 넘
쳤다.

아들이 내 나이가 되어도 우리는 여전히 이방인

내가 하던 마을기업은 이제 망했다. 내가 하던 농촌체험마을사업도 망했다. 내가 하던 산촌육차산업육성마을도, 문화마을사업도 다 망했다.

마을공동사업장은 폐허가 되어버렸고, 일생을 이 골짜기 이 마을에서 서럽게 살아온 사람들과 함께 무궁화호 꼬리칸을 달고 기차여행을 꿈꾸던 마을일은 이제 뿌리까지 뽑혀버렸다. 겨울, 경로당 혹은 사랑방에 모인 사람들에 의해 내 꿈은 찢겨지고 짓밟혔다.

이 마을에 들어온 지 십 년이 지났건만 나는 여전히 이웃이 아닌 이방인으로 남았다. 마을에 들어온 지 이십 년 삼십 년이 지나지 않은 사람에게 주민의 권한을 주어서는 안 된다는 주장이 마을을 들쑤셨고, 들어온 사람이 집을 지어 마을 수도관을 연결할 때 오백만 원을 받아야 한다는 주장이 박수갈채를 받았다.

이 겨울 경로당이 있는 한 내 아들이 내 나이가 되어도 지금의 나처럼 여전히 이방인 신세를 면치 못할 것이다. 마을에 귀농인이 늘어날수록 그들의 이기심과 폐쇄성은 더 견고해질 것이다.

지역 정치인 나부랭이들이 드나들고, 조합장 후보들이 드나들면서 부추기는 그들만의 세상, 이 겨울 경로당이 넌더리나게 싫었다.

정말 그래볼까 하는 생각을 한다. 이 집을 팔고 이 마을을 떠나볼까 하는 생각을 한다.

그러다가도 문득 겨울 경로당 혹은 사랑방에 모인 사람들의 탓만은 아닐 것 같다는 생각이 든다. 거친 세월 모질게 살아온 이웃들의 삶에 스며들지 못한 지난한 나의 욕심을 탓해야겠다는 생각이 든다.

오늘은 햇살이 따사로울 것이라고 하니 경로당 가는 길도 녹을 것이다.

하나둘
떠나는
이웃들

이웃집 유 씨가 농약을 마셨다. 죽을 작정하고 농약을 마신 것이 벌써 세 번째였다. 마실 때마다 살충제여서 그나마 목숨은 건져 왔는데, 이번엔 또 무슨 농약을 마셨는지 평상에 모인 이웃들은 혀를 찼다. 나보다 다섯 살 위인 유 씨는 골목 평상에 모여 가끔 술판을 벌이기도 하는 멤버 중 한 명이었다.

유 씨는 읍내에서 일하다 대여섯 해 전에 고향마을로 돌아온 터였다. 열맷 평짜리 조립식 집을 지어 후처와 농사일을 하며 살았다. 읍내서 살았던 탓에 지인이 많았다. 장날이면 장터거리를 돌며 술을 마시는 일이 나들이의 전부였다.

단순노동으로 단련된 단단하던 팔뚝도 시도 때도 없이 마셔온 술에 쩔어 흐물흐물 가라앉았다. 경운기 사고로 허리를 다치기도 했고, 자식이 애를 먹인다며 두 번씩이나 농약을 마셔 고생한 탓에 몸은 엉망이 되어갔다.

"아따. 뒈질라면 약을 제대로 처먹지. 벌써 세 번이나 약을 처먹고도 안 죽고 살았다네."

평상에 모이는 소식통 아주머니가 헐레벌떡 들어오면서 혀를 찼다.

"그래, 어찌 되었다는가?"

성 씨가 아주머니를 향해 돌아앉았다.

"안산에서 정육점 하는 막내아들이 내려와 앰뷸란스 불러서 데려갔다 안 하요. 몸은 멀쩡하다더만."

"뭔 약을 뭇는고?"

"약도 목구녕으로 들어가도 안 했는가 보더마."

"약 묵는 거는 의료보험도 안 된다더마. 와 그리 쎄빠지게 사는 아들 고생만 시키는 고 모르것네."

"그런께 말이요. 죽을라모 그냥 아무도 몰래 산에 들어가서 흠씬 처먹고 죽어뿔던가 하지."

죽을 마음으로 농약병 뚜껑을 열었건만 죽지 못한 유 씨는 이웃들의 놀림만 받고 있었다.

그렇게 이웃들은 이 세상을 떠났다

그러나 유 씨는 며칠 지나면 다시 돌아올 것이고, 이 평상에 모
여 함께 수제비를 먹을 것이다. 농약을 먹게 했던 상황은 변함없
이 이어질 것이고, 언제 네 번째 농약병 뚜껑을 열게 될지 모를
일이다. 목숨은 모질고 모질어서 쉽게 끊이지 않을 것이다.

 나의 산골살이는 어느새 십 년을 넘겼다.
 그동안 마을 사람 서른 명 넘게 이 세상을 떠났다. 대개 늙어
서 죽었지만 더러는 병들어서 죽고, 몇몇은 사고로 죽었다. 밭두
렁 불을 태우다 불에 타죽은 할머니도 있다. 무더운 여름날 밭에
서 일하고 돌아온 젊은 남자이웃은 일사병으로 죽었다. 덤프트
럭을 몰며 세 아이와 젊은 아내와 늙은 홀어머니를 봉양하던 젊
은이는 다리에서 몸을 던졌다.
 호탕한 성격에 마을에서 평판이 좋던 그이는 폐병으로 죽었
고, 서울에서 살다 가족으로부터 버림받고 귀향한 그이는 암에
걸려 농약을 마시고 죽었다. 하루에 소주 됫병 하나를 비우고 잠

자다 일어나서도 머리맡 소주병을 찾던 그이는 술병으로 죽었다. 엊그제 건너 마을 김 씨는 감자 캐러 가는 길에 경운기가 굴러 경운기에 깔려 죽었다.

자식들은 모두 도시에서 살고, 늙어 거동이 불편해지면 대개 마을 들머리에 있는 요양원으로 들어갔다. 그렇게 요양원으로 들어간 노인네가 열댓 명은 넘었고 그 가운데 예닐곱 명의 노인네는 벌써 송장이 되어 마을로 돌아왔다. 다들 그런 모습으로 이 세상과 작별했다.

크게 이야깃거리가 없는 산골이어서 마을에 초상이 나면 시끌벅적했다. 골목 평상에 모인 이웃들에 의해 망자의 삶이 적나라하게 드러났고, 팔자 편케 저승으로 넘어가는 망자는 거의 찾아볼 수 없었다.

억척스레 살아온 삶의 궤적은 안타깝게도 죽고 나면 환대받지 못할 기억으로 남았다. 다들 깍쟁이에 구두쇠였고, 바람둥이였고, 가난뱅이였고, 글자도 모르는 눈 뜬 장님이었고, 자식 하나 제대로 성공시키지 못한 무능한 늙은이였다.

마침내 어느 날에 이르러

가끔은 죽음을 생각한다. 이제 막 환갑을 지난 아직은 젊은 나이라지만, 인생은 이제부터라고도 해쌓지만, 이제부터 펼쳐질 인생이라고 해봤자 속까지 훤히 보이는 마당에 무슨 희망을 바라 호들갑스럽게 두 번째 인생을 계획하고 연출할 것인가. 봄이 오면 씨를 뿌리고, 가을이면 추수하고, 겨울이면 들창을 두드리는 찬바람에 몸을 웅크리는 세월만 남았겠지.

머지않아 어머니를 저승으로 보내드릴 것이고, 장조카가 결혼이라도 하게 되면 장롱에서 낡은 양복 한번 꺼내 입어볼 수 있겠지. 도시에서 살 때 가깝게 지내던 이들과의 연락도 하나둘 끊길 것이고, 부고나 청첩장 받는 일도 차차 줄어들겠지.

이제는 얼굴도 아슴아슴한 막내외숙이라도 죽으면 마지막으로 외사촌들 한번 만나보게 될 것이고, 한 해 한 번 모이는 고향 불알친구 계모임도 곧 정리되겠지.

살아갈수록 병원을 자주 찾게 되겠지. 그러다 어느 날에 이르러 아내가, 혹은 내가 죽음의 문턱에 다다르겠지. 마을 노인네들처럼 병원에서, 혹은 요양원에서 억척스레 살아온 삶을 마감하겠지.

아내 혹은 나 가운데 누군가가 살아남아 쓰던 이부자리와 옷

가지를 불태우고, 함께 걷던 언덕에 올라 한 줌 가루로 변해버린 추억을 흩어버리겠지.

망자 앞에서 언제나 그랬듯 골목 평상에 모인 이들은 '무능한 늙은이'였다면서 혀를 찰 것이고, 간혹 나를 기억하는 이들 또한 철없는 한 인생의 흔적을 지우게 되겠지.

장맛비가 내린다. 태풍이 올라온다고 한다.

드센 태풍이 왔으면 좋겠다는 생각을 한다. 쏟아지는 비와 거친 바람 속에 한참을 서 있어야겠다는 생각을 한다.

그렇게라도 서 있어야 너덜너덜해진 내 삶의 흔적들이 깨끗이 씻겨 내릴 것이라는 생각이 든다. 그리하여 비로소 적막한 공간을 찾아들 수 있을 것 같은 생각이 든다.

화는
어디서
오는 것일까

"아이고, 사장님. 우리 상아 봉아가 댁에 큰일을 저질렀네요."

이른 아침 밭을 둘러보고 오다 만난 아주머니가 나를 보고 안절부절이었다.

마을 뒤 언덕바지에 커다란 목조저택을 지어 귀촌한 이웃이었다. 그 아주머니는 아침마다 내가 밭을 둘러보러 가는 시각에 운동 삼아 마을 주변 길을 걷는데 항상 개 두 마리를 몰고 다녔다.

상아 봉아로 불리는 그 개들은 덩치는 작았지만 갈색 털에 눈은 부리부리했고 체형이 다부지게 생겨 꽤 사나워보였다.

"아니, 왜요?"

"글쎄, 내가 줄을 놓쳐서 이놈들이 댁의 마당에 들어가 닭을 물었어요."

"그래요? 어쩌다가."

나는 놀라 황급히 집으로 향했다. 함께 따라나온 꽃분이는 철없이 그 두 마리의 개와 장난질을 하고 있었다. 개의 눈빛을 보자 어쩌면 꽃분이를 덥석 물어버릴지도 모른다는 불길한 생각이 들었다.

마당에는 이미 닭털이 수북하고

열흘쯤 전이었다. 꼭 이 시각이었다. 내가 바깥마당에서 닭똥을 치우는데 골목 바깥 옆집 앞에서 캑캑거리는 개소리가 들렸다. 처음에는 건성으로 들었는데 소리는 계속해서 들렸다. 무슨 일이 있나 싶어 골목을 나오니 아랫담 가겟집 강아지가 그 아주머니의 개에 물려 버둥거리고 있었다.

황급히 뛰어가 고함을 지르고 발길질을 하자 물고 있던 강아지를 놓았다. 물렸던 강아지는 깨갱깨갱 비명을 지르며 골목으로 내달렸다. 그 아주머니의 개는 목덜미에 벌겋게 피가 묻어 있었다. 달아난 개는 필경 많이 다쳤을 터였다.

"아이고. 내가 아무리 떼어내려도 이놈들을 당할 수가 없어요."

아주머니는 놀란 가슴에 금세라도 풀썩 주저앉을 것만 같았다.

"그러게, 이기지도 못하면서 개를 두 마리씩이나 끌고 다니시니 이런 일이 일어나지요. 저 아래 가겟집 강아지 같은데 한번 찾아가보세요."

나의 말엔 핀잔이 섞여 있었다.

지난해엔 이웃집 강아지를 물었고, 말리는 강아지 주인의 손도 물어 보상을 하느니 마느니 하며 한바탕 사단이 일어나기도 했있다.

나이 일흔쯤은 되었을 것 같고, 몸은 야위어 힘을 쓸 수 없을 것 같은 여인네가 힘겹게 두 마리의 개를 끌고 다니는 모습을 볼 때마다 저러다 무슨 일이 생기지 싶었다.

집으로 들어서자 마당엔 닭털이 수북했다. 닭을 물고 다녔는지 곳곳이 닭털이었다.

닭은 평상 아래 구석에 머리를 숨기고 옴짝달싹하지 않았다. 닭을 잡아 살펴보는데 날갯죽지에서 몸통으로 구멍이 뚫렸고 피가 흘렀다. 뒷마당 다른 닭들과 어울리지 못해 앞마당으로 옮겨와 사는 자유로운 영혼을 가진 닭이었다. 내가 현관문을 열고 밖으로 나오면 쪼르르 달려와 모이 달라고 조르는 닭이었다. 그렇게 정든 닭이었다.

"내가 손으로 때려도 안 놓더라고."

놀란 가슴을 진정시키지 못한 아내는 아직도 숨이 차 있었다.

"그러다 손 물리면 어쩌려고. 작대기를 들었어야지."

"그래도 급한데 그럴 정신이 어딨소."

"이 닭은 죽겠네."

나는 혀를 차며 닭을 내려놓았다. 상처에 머큐로크롬을 한껏 뒤집어쓴 채 닭은 뒤뚱거리며 꽃밭 국화 덤불 속으로 숨어들었다. 그 꼴을 보노라니 속이 상했다. 그리고 난감했다.

하필이면 오늘 그 아주머니네 날일을 가기로 한 날이었다. 며칠 전에 하루 날품을 팔았는데 일이 다 끝나지 않아 마무리하기로 한 날이 오늘이었다. 이런 기분으로 그 집 일을 할 수 없을 것 같았다. 그 집 마당에 뒹굴대는 그 두 마리의 개를 보면 왈칵 부아가 치밀 것 같았다.

"오늘 댁에 일하러 못 갈 것 같습니다. 마음이 상해서 영 일할 기분이 아닙니다. 지난번 개 물었을 때 그랬잖아요. 잘못하면 큰일 난다고."

전화를 했다. 처음엔 목소리를 가라앉혔지만 말이 길어질수록 목소리가 거칠어졌다. 전화기 너머로 건너오는 그 아주머니의 목소리는 오직 '미안하다, 잘못했다'였다.

가슴에 담고 있는 알량한 선입견으로

"보소. 아까 전화 너무 쎄게 하드마. 그래도 귀촌해서 사는 사람인데 먼저 들어온 우리가 좀 살펴드려야지."

아침밥을 먹는 둥 마는 둥 하고 국화 덤불 속 닭을 살피는데 등 뒤에 아내가 다가와 있었다.

"우리 꽃분이도 내놓고 키우면서. 다시 전화하소. 좀 부드럽게."

아내가 다그쳤다. 그렇잖아도 화를 낸 것에 마음이 쓰였다.

고의로 낸 일도 아니고 우리뿐 아니라 그 아주머니도 속이 상할 일이었다. 그렇다고 생면부지의 낯선 이도 아니고 거의 매일 아침이면 마주치는 사람이었다. 가뭄이 들면 가뭄을, 비가 내리면 비를 걱정해주는 이웃이었다. 만날 때마다 손을 내밀어 그 두 마리의 개를 쓰다듬어주기도 하는 사이였다.

그동안 가지고 있던 그 집에 대한 선입견이 남아 있지 않았던들 그다지 거칠게 대할 일이 아니었다. 그러나 나는 그 집을 많이 싫어했었다.

대여섯 해쯤 전이었다. 산 어귀 경사가 심한 무논이 있었다. 그 논이 도시사람에게 팔렸다는 말이 나자마자 공사가 시작되었다. 경사가 심해 엄청난 높이의 축대를 쌓았는데 마치 커다란 성벽 같았다. 그 위에 집을 짓기 시작했다. 집은 크고 웅장했다. 다락방이라고 넣었지만 이층집보다 더 높아보였다.

집만 덩그렇게 들어섰을 뿐 사람은 얼씬거리지 않았다. 집주인이 무슨 일을 하는지 마을 사람들은 아무도 몰랐다. 그저 도시의 돈 많은 사장일 거라는 추측만 떠돌았다. 주말이면 간혹 고급 자동차가 들락거렸고, 높다란 쇠 울타리 주변은 정적만 감돌았다.

천박한 자본이 들어와 산자락을 파 허물었다는 생각에, 마을 주변 경관을 망쳐놓았다는 생각에, 또 그렇고 그런 별장 하나가 들어섰다는 생각에 나는 그 집을 미워했었다. 그 집에 누가 들어와서 살든 쳐다보지도 않을 거라는 다짐을 했었다. 비가 많이 내려 축대라도 와르르 무너져버렸음 좋겠다는 생각도 했을 거였다.

이후 낯선 아주머니가 두 마리의 개를 앞세우고 마을길 산책을 다녔고, 밭을 오가면서 자주 마주쳤고, 마주칠 때마다 간단히 목례를 나누게 되었고, 어느 순간 말을 트게 되었고, 조금씩 천천히 이웃으로서의 정을 쌓게 되었고, 그 집이 곤란한 일을 겪었을 때 조그만 도움도 드렸고, 성벽 위의 저택을 미워하는 감정도 차츰 가라앉고 있었다.

화는 어디서 오는 것일까

화는 어디서 오는 것일까. 성내고 미워하는 감정은 어떻게 생기는 것일까. 거친 말과 윽박지르는 이 행동은 어디에서 잠들었다 불쑥불쑥 튀어나오는 것일까. 이 고약한 성질과 버르장머리는 왜 걸핏하면 목구멍과 눈동자를 뚫고 밖으로 쏟아져 나오는 것일까. 그리고 마침내 찾아드는 이 괴로움은 또 무엇이란 말인가.

성벽 위의 저택을 왜 그렇게도 싫어했을까. 알량한 환경운동가의 정의감과 상실감이 뒤죽박죽이 되어 나타난 비열한 심술은 아니었을까. 세상의 끄트머리를 부여잡고 아등바등 살아온 가난한 가장의 위선은 아니었을까. 제도와 질서와 이 시대의 문명을 거부하고, 반목과 질시로 점철된 꼬질꼬질한 내 삶의 습관이 빚어낸 졸렬한 행패는 아니었을까.

"아까 맘이 상해 너무 심하게 말해서 미안합니다. 닭은 괜찮을 것 같아요. 남은 일은 지금 가서 마무리하지요."

길가에 떨어진 동전 하나 줍다 들킨 마음으로 전화를 했다.

닭은 슬그머니 국화 덤불을 빠져나와 마당 귀퉁이서 모이를 찾고 있었다.

그 아주머니 대할 일을 걱정하며 연장을 챙겨 집을 나서는데 한 줄기 빗방울이 후두둑 내 무안한 가슴에 쏟아지고 있었다. 일을 하러 가지 않아도 될 날씨였다. 발걸음을 멈추었다.

하늘이 돕는다. 고마운 날씨다.

폼 나게
살고 싶었던
내 꿈은

"이젠 술을 끊든지 해야겠어."

그렇게 말해놓고 고작 사흘 만에 술독에 빠진 꼴을 보이기 일쑤였다.

"얼마간이라도 술을 끊어야지."

그렇게 다짐하건만 그 얼마간은 결코 이틀을 넘기지 못했다.

"몸이 전 같지 않아. 술을 좀 줄여야겠어."

한 자리서 석 잔 더는 마시지 않을 거라는 약속은 하루에 무너졌다.

무엇을 탓해야 할까. 아내는 내 의지 탓이라지만 열다섯 해 동안 피워오던 담배는 단박에 끊어버렸다. 담배 끊는 사람은 독한 사람이니 가급적 피하라 하지 않던가. 그만큼 나는 독한 사람이었다.

술은 피할 수 없는 운명을 타고난 것이 분명했다. 아니, 이 산골에선 어떻게 된 일인지 술을 마시지 않을 수 없는 상황이 쉽게 만들어지곤 했다.

물론 손사래치고 사양하면 넘어갈 수도 있지만 그게 마음대로 잘 되지 않았다. 그렇게 매일매일 술을 마시다보니 생각도 둔해지고 몸도 쉽게 나른해져서 당분간은 술을 마시지 말아야겠다는 생각을 한두 번 한 게 아니었다.

그러나 술을 마셔야 할 일은 시도 때도 가리지 않고 생겼다. 마을 안에 살면서 술을 마시지 않으며 산다는 것은 거의 불가능한 일이었다. 이웃과 만나지 않을 수 없었고, 이런저런 일로 이웃을 찾아가면 술병을 내놓는 것이 버릇이요 관례였다.

"안 돼, 안 돼. 나 오늘 술 못 마셔."

손목을 뿌리치지만 무엇에 홀린 것처럼 손목에 힘이 전해지지가 않았다.

"안 되긴 뭐가 안 돼. 내가 속이 상해 죽겠는데."

"앗따, 속상한 거는 그쪽 사정이고."

시끄러비아지매는 속사포 같은 말투로 농협 퇴비를 내리다 이웃 노샌댁과 다투었다는 이야기를 내질렀고, 나는 슬그머니 그 이야기를 들으며 시끄러비아지매를 편들어야 했고, 언제 채웠는지 내 술잔엔 술이 넘치도록 찰랑거렸고, 부딪치는 술잔을 피할 도리가 없었고, 그렇게 메마른 김부각을 씹으며 두어 병의 술을 비웠다.

산골의 하루하루를 술로 채웠다

고로쇠 물 팔 길이 막막하다는 하샌과 만나서 한탄하며 한잔, 메주가 다 썩어버렸다며 투덜거리는 아랫말아지매와 만나서 탄식하며 한잔, 며칠 전 큰아들을 묻고 돌아온 유 씨를 만나 슬픔에 겨워 한잔, 그렇게 산골의 하루하루가 다 술이었다. 사랑방도 술이요, 경로당도 술이요, 마을회관도 술이었다.

가끔 내 모습을 돌아보며 참 한심하다는 생각을 했었다. 가엽다는 생각도 들었다. 이렇게 살려고 이 산골에 들어온 것이 아닌데 어찌 이런 꼴을 하고 사는지 안타까운 생각에 스스로가 미워지기까지 했다.

이렇게 나이를 먹고, 이렇게 노년을 맞이하려는 것이 아니었다. 폼 잡고 살 수 있을 거라는 기대가 있었다.

여름이면 새하얀 모시옷 빳빳하게 풀 먹여 다려 입고, 손부채 살랑거리면서 한량의 삶을 살 거라고 믿었었다. 겨울이면 벽난로에 불을 지피고 아내가 따라주는 향긋한 차를 마시며 원고지나 만지작거리며 살 거라고 믿었었다.

지금의 이런 모습이 아닌 분명 무엇인가 고상한 일을 할 수 있을 거라는 기대가 있긴 있었는데.

요 며칠 사이에 콘크리트를 가득 실은 레미콘 트럭이 마을 안길을 쉴 새 없이 드나들었다. 뿌옇게 흙먼지를 일으키며 건축 자재를 실은 차량이 줄을 이었다. 마을 뒤 머구밭골 먼당에 또 집을 짓는다고 했다. 외지 사람이 땅을 사서 들어온다고 했다. 마을 외곽 그나마 경관이 좋은 자리에 별장처럼 들어서는 귀촌자들의 집이 십 년 사이에 벌써 열여섯 채로 늘었다.

전직 교도소장 출신이 지은 집은 천장에 유리창까지 넣어 안방에 누워서도 하늘을 바라볼 수 있는 집이었고, 전직 학교장 출신이 지은 집은 기둥 두께가 한 아름이나 되는 대궐 같은 집이었다. 부산에서 온 사업가의 집은 주변 토지를 온통 잔디밭으로 가꾸어 마을 주민을 관리자로 두기까지 했다.

다들 폼 나게 살고 있었다. 주말이면 번쩍이는 자동차를 몰고 마을 안길을 거쳐 별장으로 들어가는 그들, 화사한 옷차림에 기름진 음식으로 주말을 즐기고 도시의 문명 속으로 돌아가는 그들이었다. 하룻밤 방을 덥힐 땔감나무를 지게에 짊어지고 비탈길을 내려오다 만난 그 눈부신 승용차는 지친 내 무릎을 꺾어놓기에 충분했다.

내 삶의 모습만 처연할 뿐 그처럼 폼 나게 사는 사람들은 지천에 널렸다. 거대한 집을 지어 부를 즐기는 사람, 머리카락과 수염을 길게 길러 자연에 파묻힌 사람, 이름 꽤나 날린 예술가가 되어 사람을 불러 모으는 사람, 보살늘 수빌에 기름기 좔좔 흐르는 중, 하루 일당 삼십만 원이나 되는 목수, 특급호텔처럼 으리으리한 펜션을 가진 사장, 공예가, 해설사, 요리사, 농부, 산꾼들 모두가 각자의 자리에서 폼 나게 살고 있었다.

나도 폼 나게 살고 싶었다

맞다, 나도 폼 나게 살고 싶었다. 두툼한 방석을 깔고, 넓고 기다란 원목다탁 앞에 앉아 지리산 천왕봉을 바라보며 연분홍 코스모스 꽃무늬 블라우스를 차려 입은 아내와 함께 홍차를 마시고 싶었다. 삼천포 어시장에서 커다란 도미를 사고, 아내가 만드는 왕의 음식 도미면에 수정방 한잔 기울이고 싶었다.

나도 정말 폼 나게 살고 싶었다. 파도처럼 우레처럼 때론 소슬 바람처럼 그대 가슴을 흔드는 시를 쓰고 싶었다. 가슴을 뜨겁게 태워버릴 것 같은 시를 쓰고, 세상을 향해 한바탕 호쾌한 웃음을 날리고 싶었다. 그리하여 간간이 찾아드는 동무와 바둑을 두며 곰팡내 나는 세상 등지고 싶었다.

그렇게 폼 잡고 살고 싶었다. 개량한복 차려 입고 텃밭을 둘러보며 살고 싶었다. 상추 몇 잎 따들고 들어와 신선한 아침 밥상을 마주하고 싶었다. 툇마루에서 독서를 즐기고, 뒷짐 진 채 마을길을 거닐고, 해질녘 잘 가꾼 정원 벽오동나무 아래서 아내의 노래에 맞춰 금관악기를 불어주고 싶었다.

그러나 나는 그처럼 폼 나게 살고 있지 못하다.

집은 보잘 것 없이 낡은 농가, 나의 하루 시간은 한가롭지 못하다. 살림살이는 남루하고, 아내의 옷도 많이 낡았다. 생각이 무뎌 시를 쓴지 참 오래되었다. 인공지능이 삼삼을 선호한다는 바둑은 함께 둘 동무가 없다. 세상은 여전히 어지러워 향기도 곰팡내도 분간할 수 없고, 악기를 연주하는 일은 먼 꿈으로만 남아버렸다.

아내는 민박 손님 밥 짓고 청소하느라 언제나 바쁘고 고단하다. 그 고운 얼굴 손볼 틈도 없어 거칠게 흐른 세월의 자국이 선명하다. 장롱 속은 빛이 바래고 얼룩이 번진 옷만 가득하다.

나는 나대로 힘들게 산다. 밭 들머리에 쌓인 이백 포 농협부산 물퇴비를 밭으로 날라야 한다. 집 뒤 공터에 부려둔 화목 스무 트럭을 집으로 날라 쌓고 덮어두어야 한다. 내일쯤 도착할 닭똥 거름 이백 포도 감자 고추 심을 밭으로 날라야 한다.

그렇게 지친 몸으로 돌아와 아내의 밥상을 마주할 것이고, 불에 덴 듯 믹스커피 한잔 마시고, 화목보일러에 나무를 채우고, 혼곤히 잠들어버릴 것이다. 일에 지쳐 기위늘리는 꿈이나마 꾸지 않기를 바라면서 새벽을 맞이할 것이다. 폼 나게 사는 일은 요원하고, 이 시대 곤궁한 농촌 농부의 모습으로 한 해 한 해 나이를 더해갈 것이다.

다시 사랑방에 모여 고기를 굽다

그러나 나는 오늘도 어제처럼 이웃과 술을 마실 것이다.

정신이 무뎌지고 몸이 처지더라도, 마을이 야속하고 이웃이 가끔 핍박을 주더라도 이 집은 우리 집이니까. 이 마을은 우리가 살아가는 터전이니까. 폼 나게 살지는 못할망정 여기 사는 모두들처럼 그렇게 살아갈 것이다.

어제는 이웃이 우리 화목 자르는 것을 도와주었고, 나는 그 집 사립문 만드는 걸 도와주었다. 대나무 문살을 해달면서 예뻐라 하는 모습이 참으로 보기 좋았다. 일을 마치고 술을 나누었다. 아내는 홍합을 다져넣은 부추전을 구웠다. 폼 나는 술상이었다.

오늘은 비가 온다고 사랑방에서 고기를 구워먹을 거라는 기별이 왔다. 지난 설날 딸이 친정 오면서 가져온 쇠고기 등심이 남아 있다고 했다. 건넌 마을 하샌과 이웃 김 형이 모일 거라고 했다. 얼마 전 큰아들을 묻은 유 씨도 불렀으면 좋겠다 했다. 유 씨를 다독여드리고 하샌 고로쇠 물 걱정을 나누어야겠다.

약속처럼 비가 내린다. 새벽 빗소리가 그윽하다.

날이 밝으면 엊그제 지인들이 민박하고 떠나면서 남겨준 금정 산성 막걸리와 참이슬 몇 병 챙겨 들고 이웃들이 기다리는 사랑방으로 갈 것이다.

눈부신 승용차를 타고 주말이면 별장을 찾는 이가 폼 잡고 지나다니지만 이런 산골에서 쇠고기 등심을 두고 불러주는 이웃이 있으니. 외지에서 흘러온 나를 살뜰히 챙겨주는 호강을 누리며 살고 있으니. 이 삶도 제법 폼 나지 않는가.

봄날,
다래 순을
따다

올해 봄은 더 힘들었다. 농토가 많이 늘기도 했지만 봄나물 뜯는 다고 산에도 자주 다녔다. 얼굴엔 가시덤불 헤집고 다니다 긁힌 자국이 선명하다. 겨우내 볼록하게 나왔던 아랫배가 쏙 들어갔다.

어제는 다래 순을 따러 갔었다. 봄철 숲에서 채취하는 나물 중 최고로 치는 것이 다래 순이었다. 평상에 모이는 성샌과 영남아 지매가 내 뒤를 따랐다.

젊은 시절 산을 자기네 안방 드나들 듯했을 이 두 이웃은 그러나 이제 많이 늙어 있었다. 산을 다녀온 기억이 가물가물하다고 했다. 무릎도 허리도 좋지 않다면서도 내 뒤를 졸졸 잘 따라

다녔다.

여느 봄나물이 그렇듯 피기 시작하면 금세 뻣뻣해지기 때문에 시기를 잘 맞춰야 했다. 산 아래쪽 다래 순은 이미 활짝 피어버 렸다. 며칠 전 산두릅을 따러 다니면서 봐두었던 다래덩굴을 찾 아 비탈진 산길을 기어올랐다. 울창한 소나무숲을 지나 바위너 덜에 이르자 거기 다래 순이 지천으로 피어 있었다. 다래 순은 알맞게 부드러웠다.

"김 사장, 좀 쉬었다 하세. 점심시간도 되었고."

아래쪽 다래덩굴에 몸을 기댄 채 정신없이 순을 훑는데 성샌 이 외치는 소리가 들렸다. 성샌은 일흔을 훨씬 넘긴 나이였다. 올라오면서도 거칠게 숨을 몰아쉬며 가장 힘들어했었다.

"그래요. 제가 거기로 올라갈게요."

시간은 정오를 조금 지나고 있었다. 거친 다래덩굴 사이를 엉 금엉금 기어 나왔다. 온몸은 땀에 흠뻑 젖어 있었다.

"휘그이 아부지는 뭘 그렇게 정신없이 따요. 쉬어가면서 하 지."

더운 햇살에 얼굴이 벌겋게 단 영남아지매가 성샌과 마주 앉 아 쉬고 있었다. 영남아지매도 얼추 일흔에 가까운 나이였다. 늘 허리가 안 좋다며 평상에서도 몸을 벽에 기대곤 했다.

"다들 많이 땄네요. 내 게 제일 적은 것 같아."

"뭔 소리요. 휘그이 아부지 배낭이 젤로 배가 부른데."

나는 얼음이 덜 녹은 물병을 꺼내며 제법 불룩해진 배낭을 휙 둘러보았다. 사실 내 배낭이 가장 불룩했다. 암만해도 젊은 내 손놀림이 가장 빠를 거였다.

눈부신 오월, 그리운 세상

성샌은 참기름과 소금으로 간을 맞춘 삽꼭밥 두 덩이와 단무지를 점심밥으로 싸왔다. 영남아지매는 밥 한 덩이와 마늘종장아찌와 생멸치조림을 싸왔다. 어제 젓갈장수가 와서 멸치젓갈을 담갔는데 생멸치를 조금 남겨 조림을 만들었다고 했다. 나는 부추전과 동그랑땡구이와 팥시루떡을 싸왔다. 소주도 한 병 챙겨왔다.

"자. 어르신 먼저 한 잔 드셔요."

소주병을 성샌에게 건넸다.

"이거 안주로 잡숴봐요."

영남아지매가 생멸치조림을 성샌께로 밀었다.

"떡은 나중에 먹고 이 밥을 먹게."

성샌이 밥 한 덩이를 내게로 건넸다.

산중턱 바위너덜에 마주 앉아 주린 배를 채웠다. 각자 싸온 음식을 자커니 권커니 나누어 먹었다. 후식으로 영남아지매가 가져온 두유와 성샌이 가져온 수입산 씨 없는 포도 대여섯 알로 입가심을 하고 아직도 얼음이 덜 녹은 차가운 물을 마셨다.

차가운 물이 목구멍을 타고 몸속으로 흘러들어가는 것이 느껴졌다. 바위에 걸터앉아 땀을 훔치며 숲 사이로 빼꼼히 드러난 먼 하늘을 바라보았다. 맑고 푸른 하늘이었다. 아, 눈물 나도록 눈부신 오월, 저 먼 하늘 아래 세상 사람들은 무엇을 하고 있을까.

문득 오래전에 내가 살던 그 세상이 떠올랐다. 그 세상에서 함께 어깨 부딪치며 살아가던 사람들이 생각났다. 골프장 반대운동을 하던 그 마을, 마을회관에서 머리 맞대고 집회를 준비하던 이제 얼굴도 기억나지 않는 그 사내는 지금 어떻게 살고 있을까. 댐 반대운동을 하던 그 마을, 당산나무 아래서 머리띠를 묶어주던 이제 얼굴도 기억나지 않는 그 노인네는 아직 살아 있을까.

그리고 그이는 무엇을 하고 있을까. 진주 중앙시장 어물전 귀퉁이서 홍합을 까던 그 아주머니는, 도립병원 앞 허름한 주점 매캐한 연기 속에서 노가리를 굽던 그 뚱뚱보 아주머니는, 이른 아침 주공아파트 앞 부식가게에 판두부와 콩나물통을 배달해주던 그 털복숭이 사내는, 서너 해 동안 함께 사무실에서 일하던 그 젊은 여성활동가는.

아, 이처럼 눈부신 오월에 그이는 지금 무얼 하고 있을까. 나는 이 높은 산에 올라 다래 순을 따고 있는데. 나는 이 적막한 숲속에서 두 늙은 이웃들과 식어버린 주먹밥 덩이로 배를 채우는데. 그야말로 나는 이 두 늙은 이웃과 조금도 다를 바 없는 사람으로 눈부신 오월 하루를 보내고 있는데.

그렇구나. 나는 그저 저 두 늙은 이웃과 다름없는 농부요, 노인네로구나. 이 산골에서 살아가는 평범한 한 인생에 지나지 않구나. 나는 결코 그 어떤 특별한 사람이 아니었구나.

나도 꼴진 폼을 잡았던 거 같아

이 마을에 들어와 사는 동안 나는 제법 폼을 잡았던 것 같다. 한때 큰 단체의 대표까지 했다는 경력과 자부심을 가지고 어깨에 한껏 힘을 주었던 것 같다. 텔레비전 토론 프로그램에 나와 말깨나 하고, 내로라하는 사람들을 질타할 수 있었던 것에 허리 꼿꼿이 펴고 살았던 것 같다.

시를 쓴다고, 내가 쓴 시가 지역 문학동호인 기관지에 실리는 것에 목을 뻣뻣이 쳐들었던 것 같다. 내가 아는 사람들이 이 나라에서 제법 높은 자리를 차지하고 있다는 것에 우쭐거리며 살았던 것 같다.

마을기업을 하고, 체험마을을 운영하면서 함께하는 이웃 노인네들에게 말이 안 통한다며 마구 윽박질렀던 것 같다. 그들이 살아왔던 그 오랜 세월을 이해하지 못하고 송두리째 갈아엎어버리려 했던 것 같다. 답답하다고, 갑갑하다고, 왜 그리도 못 알아듣느냐고, 내가 이처럼 희생을 하려는데 왜 그리도 이해를 못하느냐고 짜증과 투정으로 '가오'를 세우려 했던 것 같다.

그동안 그런 모습으로 살아가는 사람들을 더러 만났었다. 글쟁이는 글쟁이대로, 기술자는 기술자대로, 가진 자는 가진 자대로, 성직자는 성직자대로 어깨를 부풀리고, 목에 힘을 주고, 허리를 곧추세운 채 살아가는 모습을 보았었다. 범접할 수 없는 영역을 차지하고 영주처럼 살아가는 사람들을 만났었다.

그런 이들을 만나고 돌아서면 언제나 혀를 끌끌 차댔었다. 지그시 어금니를 깨물며 곁눈질로 조소를 보냈었다. 가래침을 뱉고 종주먹질을 날렸었다. 그러면서도 마을 골목 평상으로 돌아오면 나 또한 그 꼴진 경험과 알량한 지식을 앞세워 이웃 노인네들을 가르치려 들었고, 어깨를 쫙 벌리며 폼 꽤나 잡았을 것이었다.

끊어질 듯 꺾인 허리를 부여잡고 논밭으로 나가는 이웃 노인네를 경멸의 시선으로 바라보았다. 기초노령연금에 아들딸들이 보내주는 용돈으로도 먹고살 수 있으련만 골병든 몸으로 억척스레 농사일하는 모습이 궁상맞아 보였다. 보잘 것 없는 푸성귀며 잡곡 따위를 바리바리 싸서 택배기사 기다리는 모습에 눈이 시렸다.

제법 살림을 갖추었으면서도 천 원짜리 군내버스를 타기 위해 오릿길을 걸어가는 이웃 노인네였다. 읍내 장터에서 착한 가격 삼천 원짜리 자장면도 한 그릇 맘 편케 먹지 못하는 이웃 노인네였다. 시장에 가면 씨앗과 농약과 연상과 농자재 외에는 아무것도 사지 않는 이웃 노인네였다.

농협 창구 직원에게 통장과 도장을 던져주며 살림을 통째로 맡기는 이웃 노인네였다. 노령연금 장애연금 재산세 주민세가 어떻게 되는지 따져보지 못하는 이웃 노인네였다. 그렇게 한 해가 다 가도록 면사무소 문턱 한번 밟아보지 못하는 이웃 노인네였다.

어쩌면 저런 모습으로 사나 싶었다. 나는 결단코 저렇게 늙지는 않으리라고, 나이를 먹어도 고상하게 먹을 것이라 다짐을 했었다. 읍내 장에 갈 때는 장롱을 뒤져 가장 고운 옷으로 갈아입고, 아내와 마주 앉아 돼지국밥으로 배를 채우고, 바나나와 갈치를 사겠다고 마음먹었다.

그러나 내 봄날은 영 딴판으로 흘렀다. 늘어난 농사로 새벽부터 밭에 나가 괭이질을 해야만 했다. 두 마지기나 되는 밭에 감자 씨를 넣었고, 고구마를 오백 평이나 심어야 했다. 고추는 천 포기를 심었다. 생강은 다섯 고랑, 우엉도 일곱 고랑이나 심었다. 장돌뱅이란 별명이 무색하게 올해 봄은 장날마저 잃고 지냈다.

내 삶도 별반 다르지 않았네

산에도 일고여덟 번이나 올랐다. 산두릅 따랴, 산고사리 꺾으랴, 올해는 전에 없이 다래 순마저 따 날랐다. 한 줌이라도 더 따려고 아등바등 가시덤불을 헤집고 다녔다.

늙은 저 두 늙은 이웃이 내 나이에 그랬을 일이었다.

나는 어느새 이웃 노인네들의 그 궁상맞은 모습으로 이 봄날을 보내고 있었다. 나도 오릿길을 걸어 나가 천 원짜리 군내버스를 탔고, 읍내에 나가면 바쁘다는 핑계로 모종만 사서 부리나케 집으로 돌아왔고, 모난 돌이 정 맞으랴 농협 조합원이 되었고, 부조리한 마을행정에 대한 진정서를 어디에도 보내지 못하였다.

"김 사장. 이제 그만 내려가세."

성샌이 짐을 꾸리며 지친 목소리를 토했다.

"아이고, 그럽시다. 갈 길도 먼데."

영남아지매가 바싹 마른 목소리로 기다리기라도 했다는 듯이 맞장구를 쳤다.

"여기 다래 순 아직도 부드러운데 내일 또 올까요?"

나는 아쉬움에 등 뒤 푸릇푸릇한 다래덩굴을 흘끔흘끔 돌아보았다.

"이만큼이면 됐네. 사돈집에 좀 보내주고, 아들딸 한 줌씩 싸주고, 우리 먹을 만큼은 되네."

성샌도 영남아지매도 도리질을 쳤다.

앞서 걷는 두 늙은 이웃들의 짐이 무겁게 보였다. 다리를 절룩거리기도 하고, 간간이 끙끙거리는 신음도 들렸다.

비탈진 내리막길을 내려가는데 자꾸만 다 못 딴 채 남겨둔 그 부드러운 다래 순이 눈앞에 어른거렸다. 못난 욕심이 앞서 걷는 두 늙은 이웃을 조롱하는 듯했다.

집에 들어와 짐을 부리고서야 내 모습이 그 무엇도, 그 누구도 아닌 바로 그 두 늙은 이웃들과 같다는 것을 알았다. 세월이 흐르고, 그 시절의 기억도 가물가물해지면 나도 저처럼 가벼워질 수 있으려나. '이만큼이면 됐다'는 말을 쉬 할 수 있으려나.

　아, 이 눈부신 오월에 잡을 폼도 없이 헐벗은 지금의 내 모습이 내 인생이라는 것을 비로소 알았다.

살아갈수록
미워해야 할
사람이 늘었다

나는 그이가 너무나 미웠다.

그이가 스쳐 지나기만 해도 온몸에 두드러기가 돋는 듯했다. 저만치서 그이가 오면 보란 듯이 고개를 홱 돌려 지나쳤고, 그 집 옆집에 볼일 보러 갈 때는 골목을 빙 둘러 다녔다.

그러기를 벌써 몇 해가 되었다. 한 마을에 살면서 이러기가 쉽지 않고, 이래서는 안 되는데 하면서도 꼴을 보기 싫으니 달리 방도가 없었다. 어쩌다 목소리라도 들릴라치면 속이 다 울렁거릴 지경이었다.

그이는 서울에 가서 살다 나와 비슷한 시기에 처가가 있는 이 마을로 다시 돌아왔다. 도시에서 살다 들어왔으면서도 농사는 제법 하면서 살았다. 어쩌다 들길에서 마주치면 눈인사 정도는 나누는 사이였다.

그러던 어느 날이었다.

"어, 어, 저, 저거."

어둑어둑 어둠이 내리기 시작한 저녁시간. 텃밭에서 개울 건너편을 바라보던 아내가 갑자기 안절부절 말을 잇지 못했다. 아내의 시선이 머문 곳에는 트럭이 멈춰 서 있었고, 트럭에서 내린 한 남자가 길가 공터 나무더미에서 나무를 차에 싣는 것이었다. 간벌이 끝난 마을 뒷산에서 내가 지게로 져 날라 쌓아둔 땔감나무였다.

"거 뭐해요!"

마침내 아내는 고함을 내질렀다. 나무토막을 막 차에 얹을 때였다. 아내의 외침에 놀라 사방을 두리번거리던 그이는 들었던 나무토막을 내려놓고 황급히 차에 올랐다. 나는 바삐 뛰어나가 길목을 막았다.

"지금 뭐하는 겁니까."

"나무가 하도 매끈하게 잘생겨서 한번 만져본 것인데."

차창 속에서 말을 더듬거리는 그이를 나는 지금껏 나쁜 사람으로 낙인찍었다.

나는 그이가 몹시 미웠다

그랬다. 나는 그이가 몹시 미웠다.

대밭머리 붉은 양철지붕 집 앞집에 사는 그는 주는 것도 없이 미워보이는 인상이었다. 이웃들과 안 싸워본 집이 없다고 했다. 돌담 아랫집은 측량하다 한바탕 실랑이를 벌인 뒤로 십 년이 지난 지금까지 등 돌리고 지낸다고 했다.

내가 빌린 밭 아래쪽에 그이의 밭이 있었다. 그 밭에 농사를 시작한 첫해부터 실랑이가 있었다. 밤새 비가 내렸고, 이른 아침 밭을 둘러보러 나갔다가 깜짝 놀랐다. 누군가기 밭 물꼬를 막아놓은 것이었다. 물이 내려가지 못해 고추밭 이랑에 가득 차 있다. 아래쪽 밭주인인 그이의 짓이었다.

물은 높은 곳에서 낮은 곳으로 흐르는 게 이치라면서 다시 물꼬를 팠으나 비만 내리면 몰래 다시 물꼬를 막아버리곤 하는 거였다.

그러다 내가 마을일을 할 때였다. 문득 그이가 찾아왔었다.

"김 주사, 이거 토종꿀인데 한번 먹어보시게."

불쑥 작은 꿀병 하나를 건네주었다.

"내가 양봉을 조금 받아서 토봉 벌통에서 키우는데 이번에 꿀을 좀 떴네."

그의 설명이 뒤따랐다. 전국적으로 토봉이 몰살되어 토종꿀은 구할 수 없을 때였다. 이런저런 말을 늘어놓는데 듣는 말마다 께름칙했다.

"이거 좀 팔아주게. 오만 오천 원. 오천 원은 자네가 먹고."

"그럴 필요는 없고, 가져온 것 두고 가세요. 오만 원에 팔아볼게요."

마을일을 하자니 개인감정으로 그이를 대할 수 없는 노릇인지라 울며 겨자 먹기로 꿀을 받아 진열대에 올려놓았다. 꿀은 생각보다 잘 팔렸다. 토종꿀을 구할 수 없던 시절이라 토봉 벌통에 키웠다는 것만으로도 인기가 있었다.

그이는 계속 꿀병을 가져왔고, 나는 계속 팔았다. 그러던 어느 날 나는 문득 '정말 이 사람이 벌을 잘 키우나?'는 생각이 들어 벌통을 놓아두었다는 언덕바지 숲 언저리로 가보았다. 여기저기 예닐곱 개의 토종 벌통이 놓여 있었다.

가까이 가보니 벌통은 말이 아니었다. 대추벌이 와서 꿀벌을 죽여 벌통 앞은 온통 죽은 꿀벌이 무더기로 쌓여 있었다. 벌통 주변은 대추벌이 차지했고, 구석진 곳에 놓아둔 벌통 두어 곳에 간간이 꿀벌이 드나들 뿐이었다. 양봉꿀은 한 병에 이삼만 원. 그 꿀을 사와 내게 가져다준 것이 분명했다.

그런 일이 있은 뒤로 나는 그이를 사람으로 여기지 않았다.

토박이 이웃들의 심술과 괄시 사이에서

나는 그 아주머니가 너무나 미웠다.

마을로 들어오는 길목에 자리 잡은 그 아주머니 집 앞을 지나올 때면 혹시라도 마주칠까봐 발끝만 보면서 바삐 걸었다. 문간에 조그마한 강아지 한 마리가 묶여 있는데 그 강아지마저 보기 싫었다.

밭에 나가는 길에 어쩌다 우연히 마주치기라도 하면 호들갑스럽게 말을 붙여 왔다. 내가 가진 미워하는 감정을 눈치채지 못하고 잡다한 이야기를 조잘조잘 늘어놓았다. 말끝마다 빈정대는 투로 말을 받았으나 그 아주머니는 아랑곳하지 않았다.

"미안하네만 내년부턴 저 밭을 우리가 지어야겠네."

여기 들어오고 다음 해부터 그 아주머니네 농토를 빌려 농사를 하기 시작했었다. 무농약 무비료로 퇴비만 엄청 뿌려가면서 몇 해 농사를 지었다. 흙의 색깔이 달라지기 시작했고, 지렁이와 두더지 천국이 되어갈 즈음 자기네가 농사를 지어야겠다며 밭을 내놓으라는 거였다. 아쉽고, 안타깝고, 서글픈 일이었다.

그 아주머니는 우리가 가꾸어놓은 그 밭을 우리에게서 빼앗어 다른 이웃에게 넘겨주었다. 참으로 기가 찰 노릇이었다. 원주민의 심술과 괄시에 분노가 차올랐고, 미워하는 감정이 차곡차곡 쌓여가기 시작했다.

"저 밭 농사지어볼란가."

지난해 겨울, 고추 심을 밭이라도 조금 늘여볼 요량으로 몇 이웃들께 넌지시 말을 꺼냈는데 대뜸 그 아주머니가 찾아왔다.

"어떤 밭을요?"

그 아주머니가 농사짓는 밭이 여기저기 조금씩 흩어져 있었다.

"전에 농사짓던 그 밭하고, 그 위쪽에 따로 떨어져 있는 두 뗏기 다. 합하면 엿 마지기는 되지."

"또 그 밭을요?"

참으로 어처구니가 없었다. 기껏 가꾸어놓은 밭을 뺏어 다른 사람께 주더니 다시 돌려준다는 거였다. 부아가 치밀었다. 뭐 이런 사람이 있나 싶었다. 들길에서 만나더라도 두 번 다시 쳐다보지도 않으리라, 평상에 나타나면 내가 먼저 자리를 떠나버리겠다고 다짐을 했다.

나를 미워하며 돌아선 사람들을 생각하며

살아갈수록 마을엔 미워해야 할 사람들이 늘어나기 시작했다.

내가 농사지을 땅을 찾고 있을 때였다. 한 이웃 아주머니는 가는골 서 마지기 논을 빌려 쓰라고 했다. 밭으로 써도 괜찮다고 했다. 우거진 덤불을 걷어내고 퇴비를 백 포 넘게 져 날랐다. 밭갈이를 준비하려는데 느닷없이 그 논을 빌려줄 수 없다고 했다. 그해 봄날 나는 땀을 뻘뻘 쏟으며 그 백 포 넘는 퇴비를 다시 지고 나와야 했다.

마을회관 근처에 사는 그 술고래 김샌은 고사리를 팔아달라며 다짜고짜 고사리 부대를 던져두고 가버렸다. 열 근이라 했다. 한 근에 사만 원은 받아야 한다면서 삼만 오천 원에 준다고 했다. 열 근 팔면 오만 원 벌이는 된다는 말에 힘을 주었다. 고사리가 잘 팔릴 턱이 있나. 스무날이 지나 서너 근 팔고 남은 고사리 부대를 돌려주었더니 한 근이 빈다며 우겨댔고, 나는 한 근 값을 물어주어야 했다.

사랑하고 미워하면서 사는 것이 인생이려니 하며 살았었다. 내가 사랑하고 미워한 만큼 사랑받고 미움받으며 사는 것이 인생이려니 하며 살았었다. 그런데 어찌된 인생이 살아갈수록 미워하는 감정만 쌓이는 것 같고, 미워해야 할 사람만 늘어나는 것 같다.

내가 살아온 날들, 무수히 많은 사람들이 얽히고설켜서 만들어준 날들이 생각난다. 내 삶의 지침에 새겨둔 정의와 정직의 기준 속에서 상처 받고 돌아선 수많은 사람들의 모습이 떠오른다. 문득 나를 사랑한 사람보다 나를 미워하며 돌아선 사람들이 백배 천배 많았다는 사실을 깨닫는다.

그 시절, 내가 정한 내 삶의 원칙은 얼마나 자위적이었던가. 테두리를 긋고 그 완고한 테두리 속에서 거들먹거리며 평가하고, 징계하고, 배척한 사람들의 모습이 떠오른다. 내가 독하게 반목과 질시의 시선을 던져주었던 것처럼 등 뒤에서 입술 씹으며 나를 증오하고 미워했을 사람들이 생각난다.

어찌 몰랐겠는가. 그때라고 그런 느낌을 어찌 못 받았겠는가. 조직을 위해서라고, 내게 부여된 지위와 권한 때문이었다고, 그래야 조직이 튼튼해지고 조직활동으로 좋은 세상이 온다는 허황한 꿈에 젖었던 시절 쓰디쓴 침을 꿀꺽꿀꺽 삼켜가며 테두리 밖으로 찍어낸 사람들의 그 원망을 어찌 듣지 못했겠는가.

어찌 그날을 잊었겠는가. 앞에 놓인 문서를 들여다보고 잘잘못을 따지면서 눈동자 부라리던 그 시절의 못난 나를 어찌 잊고 살 수 있었겠는가. 세월이 흐른다고 어찌 잊히겠는가. 삶의 굽이굽이에서 떠오르는 그들에게 용서를 빌던 내 모습이 정말 거짓과 위선이었겠는가.

돌아보면 다 제자리에 있는 것을. 거기 그 자리에 있는 것을. 다들 한 테두리 속에서 살아가는 것을.

비가 내리니 오늘은 마을을 한 바퀴 휘 돌아다녀야겠다. 어쩌다 그이를 만나거나, 그 아주머니를 만나거나, 술고래 김샌을 만나면 슬그머니 인사를 건네봐야겠다.

김 씨를
만나러
요양원 가는 길

여든을 넘긴 김 씨의 눈언저리가 축축이 젖고 있었다.

그의 아내가 잘 익은 포도알갱이 몇 알을 김 씨의 손에 쥐어줄 때였다.

병상 침대걸이 탁자엔 우리가 가져간 요구르트와 바나나와 삶은 달걀이 수북이 놓여 있었다. 빨대를 꽂아 요구르트를 입에 물릴 때도, 바나나를 까서 손에 쥐어줄 때도, 삶은 달걀을 까 소금에 찍어 건네줄 때도 무덤덤해 하던 김 씨였다.

"영감 줄라고 아침에 마당가 포도나무에서 따 왔지."

그의 아내가 건넨 그 포도 몇 알에 김 씨는 마침내 울음보를

터뜨렸다.

함께 지켜보던 교회 앞 성샌이 고개를 돌리며 돌아서고, 평상 팔걸이를 잡고 힘겹게 서 있던 두부박샌댁이 덩달아 눈시울을 훔쳤다. 여름 한철 백무동과 칠선계곡으로 청소 일을 다녀 얼굴이 검게 타버린 영종이 형은 구부정한 허리를 더욱 굽혔다.

나는 간간이 비를 뿌리는 창밖 흐린 하늘을 멍하니 바라보고 있었다.

골목 평상에 모이는 이웃들이 김 씨 병문안을 위해 산청요양병원을 찾아온 터였다.

"석봉이 동생, 언제 김샌 입원한 산청병원에 같이 한번 가보세."

며칠 전 평상에 모여 노닥거리는 가운데 영종이 형이 뜬금없이 김 씨 병문안을 가고 싶어 했다. 영종이 형과 김 씨는 담 하나를 사이에 둔 이웃이었다.

"그러게요. 한번 가긴 가봐야 하겠는데."

말끝을 흐리며 마주 앉은 성샌을 바라보았다.

"그래. 우리 한번 가보세."

성샌의 답이 돌아왔고, 이어 두부박샌댁으로 고개를 돌렸다.

"수술한 다리가 안 좋아서…… 그래도 한번은 가봐야지."

두부박샌댁이 어렵사리 동의했고, 늘 평상 끄트머리에 앉는 창원이 형을 돌아보았다. 창원이 형은 지팡이를 땅바닥에 탁탁 치며 고개를 푹 숙이고 있었다. 젊은 시절 마천 석재공장에서 한쪽 다리를 못 쓰게 되는 사고를 당한 창원이 형은 먼 거리로 나가는 것을 꺼려했다.

김 씨의 아내는 이런 이야기가 오가는 것에 어찌할 바 없이 고마워하며 술상을 내왔다.

"그래요. 그럼 추석 전에 한번 가보기로 하지요."

"차를 몇 번 갈아타야 되지?"

"아니요. 그냥 여기서 군내버스로 유림으로 가서 화계 택시로 산청요양병원으로 가는 편이 훨씬 빠르고 돈도 적게 들어요. 내가 계산해보니 영남아지매는 빼고 우리 넷이 각자가 이만 오천 원씩만 내면 점심 밥값까지 될 것 같아요."

그렇게 작전을 세워 나선 길이었다.

이제 영영 요양원에서 살아야 할 김 씨

김 씨는 여름으로 접어들 무렵 감자밭 일을 거들다 맥없이 넘어져 대퇴부가 부러지는 사고를 당했다. 김 씨도 창원이 형처럼 마천 석재공장을 다니다 사고를 당해 한쪽 다리와 한쪽 팔을 못 쓰는 장애를 가지고 있었다.

그런데 이번엔 성한 다리의 대퇴부 뼈가 부러져버린 거였다. 읍내 병원에서 수술 받고 두 달 넘게 입원해 있었지만 일어나지 못했다. 여든을 넘긴 나이여서 회복은 어려울 거였다.

김 씨의 아들딸은 마침내 산청의 요양병원으로 김 씨를 옮겼다. 함양에는 요양병원이 없었고, 산청에 마침 새로 문을 연 시설 좋은 요양병원이 있었다. 우리 마을에서 그다지 멀지 않은 거리였다.

김 씨가 산청요양병원으로 들어간 지 한 달이 지나고 있었다.

요양병원은 규모가 컸다. 신축건물이어서 깨끗했다.

기다란 복도 끝 병실이 김 씨가 입원한 병실이라고 했다. 앞장선 김 씨의 아내를 따라 복도를 걸었다.

지난해 겨울 두 무릎을 수술한 두부박샌댁의 걸음걸이가 허청거려 보기에 안쓰러웠다. 허리가 안 좋다며 허리춤을 부여잡고 어기적거리며 걷는 영종이 형은 요즘 부쩍 살이 많이 빠져 있었다. 교회 앞 성샌도 구부정하게 걷기는 마찬가지였다.

복도를 따라 줄지어 늘어선 병실은 문이 빼꼼 열려 있었다. 열린 문틈으로 보이는 병실은 쥐죽은 듯 고요했으나 8인실의 병실마다 여덟 명의 입원 환자 명단 표찰이 출입문 바깥에 걸려 있었다. 거의 모든 병실이 만실이었다.

"봐요. 봐. 누가 왔는지."

병실로 들어서자마자 김 씨의 병상으로 달려간 그의 아내가 서둘러 병상 등받이를 올렸다. 김 씨의 상체가 드러나고 있었다.

"아이고. 이게 뭔 꼴인고."

또래의 성샌이 달려가 김 씨의 손을 잡았다.

"걷는 훈련은 하요. 그리 가만히 누워만 있으면 어찌 걸어다니나."

두 무릎을 수술한 두부박샌댁이 병상 손잡이에 몸을 기댄 채 혀를 찼다.

김 씨가 평상을 떠난 지 석 달만의 해후였다. 김 씨의 눈시울이 젖자 성샌도 두부박샌댁도 영종이 형도 눈시울을 붉혔다. 나는 가져온 요구르트를 챙겨 냉장고에 넣었다.

건조한 표정의 간병인이 병상을 기웃거리며 이런저런 간섭을 해댔고, 김 씨의 아내는 그런 간병인에게 요구르트 한 묶음과 바나나 몇 꼬투리와 포도 두 송이와 삶은 달걀 서너 개를 건네며 허리를 굽실거렸다.

부산요양병원 어머니를 찾아뵐 때 내가 간병인에게 하는 모습이었다.

우리 삶의 종착지라고 뭐가 다르겠는가

언제 다시 찾아올지 모를 작별인사를 나누고 병원을 나섰다.

이제 영영 김 씨는 걸어서 저 병원을 나올 수 없을 거라는 사실을 모두들 알고 있었다.

병원 앞마당에서 택시를 기다리는 내내 모두들 말이 없었다.

성샌도 영종이 형도 두부박샌댁도 머지않은 장래에 다가올 자신의 모습을 떠올렸을 거였다.

휠체어에 앉아 초점 없는 눈으로 창밖을 바라보던 그 환자, 문병 내내 새우처럼 구부려 잠들어 있던 옆 병상이 그 환자, 아무 말 없이 눈만 뜬 채 꿈벅꿈벅 바라보던 건너편 병상의 그 환자, 콧구멍에 호흡기를 달고 미동도 없이 천장만 바라보고 누웠던 그 환자처럼 언젠가는 등 떠밀려 찾아와 누워야 할 곳이 바로 여기라는 사실을 알고 있었다.

내 인생의 종착지라고 뭐가 다르겠는가.

나도 말없이 먼 산을 바라보는 저 평상 이웃들처럼 요양원 침대 위에 버려진 내 모습을 떠올렸다. 언젠가는 나도 달걀을 삶고, 홍시 몇 개 챙겨 아내가 누운 요양원을 찾아가게 될 거였다.

"내가 아프면 생명 연장하는 그런 거는 하지 마. 그냥 그대로 내버려둬요."

"내가 죽으면 그냥 높은 데서 휘휘 뿌려버려요. 묻지 말고."

언젠가 아내가 한 말이 떠올랐다.

집에 돌아가면 내 생각과 아내가 한 말을 적어서 유언장 같은 것을 만들어두어야겠다는 생각을 한다. 아들 내외가 잘 살아가기를 소망하는 말도 한마디 덧붙여야겠다는 생각을 한다.

먼데서 택시가 병원 앞마당으로 들어오는 것이 보였다.

몸을 일으키는데 조금 심하게 무릎이 뜨끔거렸다.

제 3 장

아내는
또
찹쌀을 담갔다

서로를
보배롭게
여기면서

오래전 아내가 속삭인 말이었다.

추운 날 이부자리 속에서였을 것이다.

"휘그이 아부지. 이야기 하나 해주께. 오늘 들은 이야기야."

누워 있던 아내가 이야기를 시작하려고 몸을 돌려 엎드렸다.

"실연을 당한 젊은이가 있었어. 그 젊은이가 정처 없이 여행을
하다 강원도 심심산골에서 하룻밤 묵게 된 거야. 그 농가는 할머
니와 할아버지 단 둘이 사는 집이었어. 옆방에서 잠을 청하는데
두 노인네가 끝도 없이 말다툼을 하는 거야. '이 영감탱이가 빨
리 안 죽고 사람 고생만 시킨다'며 할머니가 아웅거리면 '이 할

망구가 저나 빨리 죽지 왜 날 빨리 죽으라는 거야'며 할아버지
가 다웅거리더라는 거야."

"참 나, 늙은이들이 뭐 그래?"

별로 재미없는 이야기일 거라는 생각에 어느새 나는 심드렁해
졌다.

"들어봐, 끝까지 들어봐. 재미있어."

아내는 내가 잠이라도 들까봐 어깨를 흔들면서 말을 빠르게
이어나갔다.

"이 젊은이가 잠을 설치고 아침에 일어나 밖으로 나오니 할아
버지가 마당을 쓸고 있었어. 젊은이는 할아버지에게 다가가 말
했어. '어젯밤 할머니께 너무 심하게 말씀하시던데요. 그 연세에
서로 빨리 죽으라고 성화시니 듣기에도 민망하고.' 그러자 할아
버지가 젊은이를 물끄러미 바라보며 이렇게 답을 하더라는 거
야. '저 할망구가 못난 나를 만나 고생고생하며 살았는데 나보다
먼저 죽어야 양지바른 곳에 묻어주기라도 할 것 아닌가.' 그 말
을 들은 젊은이가 이번에는 부엌에서 밥을 짓는 할머니께로 다
가가 물었어. '아이구. 할머니. 왜 밤새 할아버지 빨리 죽으라는
성화셨어요.' 그러자 할머니의 답은 이랬어. '저 영감탱이가 이
못난 년 만나 얼마나 많은 고생을 했겠소. 그래 나보다 빨리 죽
어야 내가 눈물이라도 흘려주고 죽지.' 이러더라는 거야."

우리는 그렇게 살아갈 수 있을까

이야기를 맺으면서 아내는 '우리도 그렇게 살아보자'는 말은 안 했었다. 비록 직접 말은 안 했어도 부디 이렇게 살기를 바라는 마음이라는 것을 모를 리 없었다.

이후 나이를 먹어가면서 결혼식 주례를 몇 차례 맡은 적이 있었는데 그때마다 나는 이 이야기를 해주었다. 서로를 보배롭게 여기며 살아가길 바라면서.

아내는 머나먼 제천까지 음식 강의 나가고, 나는 홀로 하루 종일 밭이랑을 타며 양파 모종을 심었다. 온몸이 뒤틀리고 허리가 끊어질 듯했다. 무릎은 심하게 저렸다. 바람은 서늘한데도 등짝을 타고 땀이 흘렀다. 여덟 묶음을 모두 심고 일어나니 해가 졌다.

왜 이처럼 힘들여 양파를 심어야 하는가. 밭이랑을 타며 수없이 많은 질문을 던졌었다. 모든 노동이 그렇듯 결론은 단순했다. 살아가기 위해서였다. 지금 양파를 심어 내년 춘궁기에 수확해서 팔아야 우리가 살아갈 수 있기 때문이었다. 그렇게 한 해를 넘기는 것이 우리 삶이었다.

농부로써 당연히 양파를 심어야 한다고? 농부는 땅을 놀려두어서는 안 된다고? 그게 농부의 자세요 철학이어야 한다고? 천

만에. 다른 이유는 그야말로 사치스러운 군더더기에 지나지 않았다. 오직 살아가기 위해서였다. 이런 결론 앞에서 나는 한동안 넋을 놓았다.

꼭 이렇게까지 해서라도 살아가야 하나. 이번엔 이런 질문을 던져보았다. 막막했다. 목숨이 붙어 있는 한 살아야 할 방도를 마련해야 하고, 내겐 특별히 다른 방법이 없었다. 내년, 내후년, 이후로도 계속 이 계절에 나는 여전히 이처럼 끊어질 듯한 허리를 부여잡고 양파 모종을 심어야 할 거였다.

겨울이면 화목 해 나르고, 봄이면 밭갈이하고 씨 뿌리고, 여름이면 풀 뽑고, 가을이면 이런저런 깃들 收穫해서 팔고, 그렇게 살아갈 일만 남았다. 몇 년을 더 기다려 기십만 원의 국민연금을 받고 기초노령연금 지급일을 기다리며 살아갈 일만 남았다. 내 나머지 세월은 이렇게 정해져버렸다.

이제 아내는 마냥 행복해야 할 텐데

어느 순간 모든 것이 끝나버렸으면 좋겠다는 생각이 들었다. 건전지를 잊어버린 저 벽장시계처럼 속절없이 불가역적으로.

거친 오르막을 마주하거나, 험한 가시밭길을 만나거나, 가끔 돌부리에 걸려 넘어져야 할 이 고달픈 인생역정이 그냥 이쯤에서 멈춰버렸으면 좋겠다는 생각이 들었다. 이제 내 삶에 꿈과 희망이라는 단어는 무용한 것에 지나지 않았다. 이렇게 산다는 것은 더한 괴로움에 빠져들 뿐이라는 생각이 들었다.

그런 생각을 하다가도 문득 아내의 그때 그 이야기가 떠오르곤 한다.

아내는 나보다 백배 천배 더 힘든 세월을 살았다. 어렵고 서러운 세월을 살았다. 더 그늘진 곳에서 더 낮은 모습으로 살았다. 더 부대끼면서 더 떠밀리면서 살았다. 이젠 마냥 행복해야만 한다.

일부러 아내가 없는 날을 택해 양파 모종을 심었다. 양파 모종을 심는 그 힘든 일을 차마 아내에게 시킬 수 없어 홀로 감내한 노동이었다. 마주 앉아 양파를 심다 보면 힘이 들고 몸은 아프고 짜증이 스멀스멀 피어날 것이다. 그러다보면 이런저런 이야기 끝에 티격태격하다 서로 마음 상할 것은 뻔한 일이었다.

나이를 먹어가면서 늘 그게 걱정거리였다. 가벼운 대화를 나누다가도 서로 마음에 상처를 주고받는 일이 다반사였다. 나이 들어 이해심은 떨어지고 고집만 늘어나니 자주 일어나는 현상이었다.

엊그제 텔레비전 앞에서 사소한 일로 뾰루퉁해진 아내를 바라보며 앞으로는 정말 조심해야지 했었다. 아무 말이나 함부로 해서는 안 되겠다 싶었다. 나 또한 아내가 던지는 사소한 말과 감정에 버럭 화를 내는 일은 삼가야지 하고 마음먹었었다. 힘든 일은 내가 다 하려고 다짐했었다. 그래서 혼자 양파를 심었고, 몸은 천근만근 무거웠지만 마음은 편했다.

이박삼일 일정을 마치고 오늘 오후 아내가 돌아온다. 오늘은 바깥마당까지 환하게 쓸어놓을 작정이다.

새
주방가구를
장만하면서

"아버지, 별일 없으면 여기 카페로 내려오세요."

며칠 전 점심을 먹고 누웠는데 보름이로부터 전화가 왔다.

"왜? 뭔 일인데?"

"엊그제 봤던 리바트 싱크대와 한샘 싱크대가 서로 조금 다른 옵션이 있어서 어떤 것을 할지 결정하려구요."

"너그 어머니는?"

"곁에 계셔요."

"내가 뭘 아냐. 그냥 너그 어머니와 상의해서 결정하면 되지."

오래 전부터 보름이는 우리 주방가구를 맘에 안 들어 했다. 싱크대와 상부장은 이사 올 때부터 이 집에 남아 있는 유일한 가구였다. 족히 이십 년은 넘어 많이 낡았었는데 이사 와서 문짝만 바꿔달아 그대로 써오던 참이었다. 구석마다 기름때가 거뭇거뭇 묻어 있었다.

민박 손님 밥을 차려내는 주방가구로는 부족함이 많아 언제고 바꾸려던 참이었다. 그래도 쉽게 결정하지 못하고 있는데 보름이가 득달같이 달려들었다.

돈이 별로 없는 처지에 우리는 망설였고, 그런 사정을 알아서인지 보름이는 인터넷 여기저기 뒤져 장장 이 년 무이자 할부를 찾아내었다. 이백만 원이 훨씬 넘는 가격에 못미땅해하던 아내도 그때야 졸이던 가슴을 쓸어내렸다.

창고에 쌓여 있는 내 삶의 군더더기들

가끔 창고방에 들어가 방을 가득 채운 잡동사니들을 쳐다볼 때가 있다. 그때마다 가슴이 무엇인가 무거운 것에 짓눌린 듯 답답했다.

일 년 내도록 한 번도 꺼내 쓰지 않는 물건도 있었고, 심지어는 무엇에 쓰이는 물건인지 알 수 없는 것도 있었다. 다 내다버려도 우리 나머지 생애에 더 이상 그 물건을 찾지 않을 것이련만 무슨 미련에서인지 버리지 못하고 여기까지 끌고 왔을까.

그런 물건은 한두 가지가 아니었다. 바깥 창고에도 많았다. 어쩌다 한번 찾아서 쓸까 말까 한 연장이나 공구, 가재도구들이 여기저기 자리 잡고 틀어박혀 있다. 그것은 장롱 속이나 책장도 마찬가지였다. 입지 않는 옷가지가 부지기수고, 한번 덮어보지도 않은 이부자리가 장롱을 가득 메우고 있다.

책장으로 눈을 돌리면 거기에 유물처럼 변해버린 계간이나 월간 잡지들이 허옇게 먼지를 뒤집어쓴 채 빼곡히 들어차 있다. 부엌 수납장이라고 별반 다르지 않았다. 크고 작은, 둥글고 모난, 매끈하고 투박한, 밋밋하고 알록달록한 접시가 차곡차곡 쌓여 있다. 내 삶의 군더더기가 저렇게 쌓였다.

아내와 나 달랑 둘이서 사는 살림살이가 이렇다. 집에 페인트칠을 하면서 이것저것 꺼냈다가 다시 정리하면서 버릴까 말까 망설이다 버리지 못한 것이 대부분이었다. 더 이상 사업계획서나 결산보고서를 작성할 일도 없는데 벌겋게 녹슨 그 서류집게마저 버리지 못하였다.

언젠가 집회장에서 받아온 '결사반대' 붉은 머리띠도 버리지 못하였다. 누렇게 탈색되어 여기저기 뒹굴던 군복 입은 사진 한 장도 다시 집어넣었다. 철없던 시절 습작으로 끼적거린 시편들도 다시 접어두었다. 연필깎이 칼도 없는데 손가락만 한 몽당연필도 챙겨 꽂았다.

지워지지 않는 추억, 버릴 수 없는 짐짝들

"보소. 이거는 필요한 기가."

집을 정리할 때 궤짝에서 눈에 익은 종이상자가 무더기로 나왔었다. 어느 시절, 명절이면 대통령이 선물을 보내왔는데 바로 그 종이상자에 포장되어 있었다. 종이상자 잎면엔 '청와대'라는 금박글자가 선명하게 찍혀 있었다.

"놔두소. 그거는 자리도 별로 차지하지 않는데 뭐."

"놔뒀다 뭣에 쓸라고."

"그래도 당신이 받은 건데. 그냥 놔둬봐요."

나의 못마땅해하는 목소리와 아내의 미련 섞인 목소리가 교차하면서 그 종이박스는 다시 궤짝으로 들어갔다.

집 안을 정리할 때는 대개 이랬다. 목이 누렇게 변해버린 셔츠도 아들놈 결혼식 때 입었던 것이었다며 옷장으로 다시 들어갔고, 연꽃무늬가 박힌 이빨 빠진 접시도 꽤 괜찮은 도예가의 작품이라며 부엌 수납장에 다시 넣어두었다. 겉표지가 너덜너덜해진 오래된 월간 잡지도 아는 이의 이야기가 실렸다며 뽀얗게 쌓였던 먼지만 털털 털린 채 책장 한 자리에 다시 꽂혔다.

어떤 것은 사연이 있어서 살아남았고, 또 어떤 것들은 모양이 좋아서 살아남았다. 무엇이든 버릴 것은 버리려고 시작한 집 안 정리였지만 이런저런 이유로 버리지 못하기 일쑤였다.

서랍엔 이런저런 고지서와 영수증과 택배 송장이 넘쳐나고, 문갑 속엔 편지 다발과 사진 뭉치가 가득했다. 미련 없이 버리는 것이래야 바람에 뒤집혀 살 부러진 우산과 발꿈치가 닳아빠진 양말짝 정도였다.

쉬 버리지 못하는 것이 어디 그것뿐이겠는가.

열심히 살아보자고, 잘 살아보자고, 행복하게 살아보자고 맹세한 첫날밤의 속삭임을 어찌 잊어버리겠는가. 부정을 거부하고 돌아서면서 맨주먹 불끈 쥐던 그 열정의 날들이 어찌 잊히겠는가.

가난해서 정직했던 사람들의 죽음 앞에 바친 그 하얀 국화 향기를 어찌 지우겠는가. 진눈깨비 흩뿌리던 광장의 함성과 뜨겁게 타오르던 불꽃을 무엇으로 덮을 수 있겠는가.

끝끝내 아무것도 버릴 수 없네

어느 겨울 서울역 앞 가판대 할인 행사장에서 산 털외투를 앞에
두고 보여준 아내의 그 울컥한 표정을 어찌 잊어버리겠는가. 내
가 공무원 시험에 합격하던 날 이웃집 담 너머로 떡을 돌리던 어
머니의 그 한없는 표정을 무엇으로 지우겠는가. 소 키워서 망하
고 감자 심어 망해 부산 구포 산번지로 떠나던 형의 그 막막한
표정이 어찌 잊히겠는가.

억울해서 남고 서러워서 쌓인 무수한 기억들은 이미 내 생의
공간을 가득 채웠다. 옷장을 가득 채운 의복처럼, 책장을 가득
채운 도서처럼, 선반에 가득 쌓인 이런저런 잡동사니처럼 내 기
억의 상자도 무수한 이야기와 무수한 얼굴이 가득하다. 내가 스
스로 내 기억의 상자를 비우지 못하듯 나는 이 낡은 옷과 묵은
책을 끝끝내 버리지 못하는 것이다.

얼마 뒤면 새로운 주방가구가 번쩍이는 모습으로 들어올 것이
다. 스무 해는 족히 쓴 듯한 저 낡은 싱크대는 이제 세상 어딘가
에 버려질 것이다.

이제는 지우면서 살아야겠다는 생각을 한다. 말끔히 비워야겠
다는 생각을 한다. 텅텅 비워버려야겠다는 생각을 한다.

목덜미가 누렇게 변한 셔츠를 버리듯, 한 시절 서럽게 살아온 어머니의 세월을 버려야겠다. 너덜너덜해진 월간 잡지를 버리듯, 증오와 미움으로 얼룩진 싸움의 기록을 지워야겠다.

똬리를 틀고 앉아 내 삶의 윤기를 빠는 슬픈 기억은 이빨 빠진 연꽃무늬 접시와 함께 멀리멀리 던져버려야겠다.

아내는
또
찹쌀을 담갔다

아내는 또 찹쌀을 담갔다.

해마다 설날을 앞둔 이맘때면 찹쌀유과를 만들었다. 이런 음식 만들기를 좋아하는 아내의 취미로 시작했으나 이 또한 궁핍한 살림살이가 추궁하는 일로 변해버렸다. 찹쌀유과를 만들어 몇 상자 팔면 설 쇨 돈은 마련할 수 있기 때문이었다.

"올해는 몸도 안 좋은데 뭐하러 또 한다고 그래."

찹쌀을 챙기는 모습이 못마땅해 퉁명스런 목소리를 던졌으나 아내는 거들떠보지도 않았다.

찹쌀을 불려 녹말을 빼고, 빻고, 찌고, 절구질로 풀떡을 만들고, 뜨거운 방바닥에 말리고, 튀기고, 쌀 조청을 준비해서 눈부시게 하얀 튀밥가루를 입혀야 비로소 찹쌀유과가 탄생한다. 그 과정이 너무 힘들고 어려운지라 올해는 만들지 않기를 바랐다.

하는 일과 드는 재료비를 따지면 결코 남는 장사도 아니었다. 안 만들기 시작하면 만드는 방법도 잊어버린다면서 아내는 해마다 찹쌀유과 만들기를 고집해왔다.

아내의 찹쌀유과는 정말 맛있었다. 입에 넣으면 스르르 녹아버리는 부드러움은 장독에 쌓인 첫눈 한 움큼을 입속에 넣는 느낌에 비기었다. 설날 이 찹쌀유과 한 상자를 들고 부산 큰집에 갈 때는 이 나이에도 어깨가 으쓱거렸다. 어린 시절 어머니가 불잉걸에 구워 만들던 그 유과 맛에 비해 조금도 손색이 없었다.

"뭐라도 해야 하는데 몸은 말을 안 듣고."

밥상머리에서 아내가 포옥 한숨을 쉬었다.

"뭘 한다고. 그냥 이리 살면 되지."

"그래도 뭐라도 해야 살지."

구수한 냄새를 풍기며 씨락국(시래기국)이 식고 있었다.

"어찌 되겠지. 몸이나 잘 간수하소."

이쯤에서 말머리를 틀어야겠다고 생각하며 씨락국을 후루룩 소리 내어 마셨다.

아내와 며느리가 정성껏 만든 도라지정과 앞에서

겨울에 접어들면서 걱정이 하나 더 늘었다. 아들놈도 하던 일을 그만둘 것 같아서였다. 아내와 며느리의 걱정만큼이나 나도 잠을 이루지 못하는 밤이 늘었다.

말이야 항상 그렇게 잘 되겠거니 하지만 돈을 써야 할 일은 내게 더 많이 생기고, 씀씀이도 내가 더 커서 면목 없는 처지인 것만은 확실했다. 그래서 작심한 일이 전복양식장 일이었는데 그나마도 일이 틀어져버렸다.

이런 상황을 모를 리 없는 아내였나. 보름이도 마찬가지였다.

"어머니, 우리 도라지정과 만들어 팔아요."

하루는 밥상머리에서 보름이가 뜬금없이 이런 제안을 해왔다.

"도라지정과? 어찌 팔게."

아내가 물끄러미 며느리를 쳐다보았다.

"우리 카페에서 팔면 되지요."

보름이는 자신 있다는 강단진 어조로 대꾸했다. 그 말에 비로소 아내와 며느리는 도라지정과를 만들었다.

찾아오는 사람도 드문 산골 외진 카페에서 팔면 얼마나 팔 거라고 또 저렇게 일을 벌이나 싶어 못마땅했지만 도리가 없었다.

도라지정과는 잘 만들어졌다. 아내는 사흘을 불 앞에서 살다시피 했다. 그만큼 공이 들어가는 음식이었다.

보름이는 인터넷으로 이런저런 포장지를 주문해 보기 좋게 포장했다. 급기야 상품이 탄생했는데 가격을 정하기가 어려웠다. 도라지정과 다섯 뿌리를 낱개로 포장해 조그만 상자에 담았는데 단가를 따지자면 만 오천 원은 받아야 했다.

"그래, 봐라. 이걸 누가 쉽게 사 먹겠나."

난감해하는 며느리와 아내 앞에 한마디 툭 던지고 일어서는데 갑자기 등이 시렸다.

음식에 대한 아내만의 철학

며칠 전 아내는 약과 만드는 방법을 배우러 간다며 길을 나섰다. 경기도 광주. 먼 거리였다. 거기 한국에서 내로라하는 약과 명장이 있는데 초대를 받았다고 했다.

아내는 그곳을 다녀오자마자 약과를 만들었다. 맛있었다. 입에 들어가자마자 화한 향기가 온몸에 퍼지면서 스르르 녹아드는 것이었다.

"맛있네, 이거."

조심스레 반응을 살피는 아내를 돌아보며 부러 눈을 크게 떴다.

"정말? 근데 이거 우리 밀로 해서 이렇지 마트에서 파는 일반 밀가루로 만들면 더 맛있거든."

말꼬리를 내리는 아내의 얼굴에 살짝 걱정스런 빛이 스쳐 지나가는 것이 보였다. 지난번 도라지정과를 만들었을 때와 비슷한 표정이었다.

이렇듯 잘 만들었으면서도, 맛있게 만들었으면서도, 정직하게 만들었으면서도 어디 드러내기를 꺼리는 자신의 성격을 보여주는 표정이었다.

좋은 재료로 정성을 다해 만들었어도 막상 상품으로 내놓을라 치면 한없이 오므러드는 모습을 보인 아내였다. 정녕 맛있어서 맛있다 해도 곧이 들어주지 않는 아내였다. 잘 만들어서 잘 만들었다고 해도, 감칠맛이 나서 감칠맛이 난다고 해도 핀잔을 주며 돌아서버리는 아내였다. 스스로 무수리일 뿐이라는 아내였다.

음식 세계도 정치요 권력이라는 사실을 일찍이 깨달은 아내였다. 먹방의 시대, 알량한 손재주와 현란한 말주변으로 치장한 요리사들이 판치는 세상이라는 것을 모를 리 없는 아내였다. 그래서 요리책 출판제의가 들어왔을 때도, 요리방송 출연제의를 받고서도 손사래를 치던 아내였다. 가끔 집에서 작은 요리교실이라도 열면 도움이 될 거라는 주변의 제안마저도 거절한 아내였다.

요리대회나 음식 전시에서 받은 이런저런 상장 걸어놓고 조그맣게 식당을 내면 먹고살고 돈도 벌 수 있을 법도 하건만 그런 조언에 꿈쩍도 않는 아내였다.

그게 음식에 대한 아내만의 예의며 철학인지, 하찮은 고집인지 나는 모른다. 그들만의 경계를 넘어설 자신이 없어서였는지, 티 안 내고 사는 것이 더 편안한 삶이라고 생각해서 그랬는지 나는 모른다.

우리 삶은 그럭저럭 다복하다네

아, 무정한 듯 보였어도 내가 어찌 모르겠는가. 못 가진 것이 죄가 되고, 없는 배경이 멍에가 되는 세상을 저리 힘겹게 헤쳐 나온 당신의 닳고 문드러진 가슴속을.

그리고 또 어찌 모르겠는가. 당신의 음식은 감미로우나 그 속에 깊이깊이 가라앉은 소태 같은 눈물을.

아내가 약과도 도라지정과도 만들지 않으면 좋겠다는 생각을 한다. 이쯤에서 찹쌀유과도 포기했으면 좋겠다는 생각을 한다.

허니버터칩 한 봉지를 사려고 장사진을 치는 세상에서 정과

약과는 뭐며, 찹쌀유과는 또 뭐란 말인가. 이 산골에서 참한 며느리도 보고, 손녀 재롱도 껴안으며 십 년을 다복하게 살고 있으니 나머지 세월 또한 그렇게 흘러가지 않겠는가.

몸도 변변치 않은 아내는 하루에도 몇 번씩 담가둔 찹쌀 녹말빠지는 것을 확인하러 창고방을 들락거린다.

다음 장날 읍내 병원 앞 의료기기 상점에서 새 부항기를 하나 장만해야겠다는 생각을 한다. 오늘 저녁부터는 쑥뜸 연기가 매캐하게 방을 가득 채워도 결코 창을 열지 않을 것이라 다짐을 한다.

쓸쓸한 외출,
어머니를
만나러 가는 길

"어머이, 자요."

핼쑥한 얼굴로 병상에 누워 잠든 어머니 어깨를 살짝 흔들었다. 살이 많이 빠졌다. 눈자위도 퀭하게 움푹 들어갔다. '아, 이제 머지않았구나'고 생각하는데 어머니께서 눈을 번쩍 뜨셨다.

"깊이도 자네."

"오, 왔냐. 보고 싶더만."

"그래 내 왔소. 뭔 잠을 그리도 자는가."

벽시계는 오후 한 시를 조금 지나고 있었다. 나는 들고 온 바나나맛 우유와 요구르트와 바나나를 꺼내 병실을 돌며 다른 요양환자들께 나누어드렸다.

바나나를 하나 벗겨 손에 쥐어드렸다. 어린아이처럼 좋아하며 허겁지겁 드신다. 바나나맛 우유에 빨대를 꽂아 건넸다. 쪽쪽 빨아 단숨에 마신다.

"배고파?"

"죽만 조금 준다. 멀건 죽을."

"지난번에 왔을 때 밥 드리라고 했는데."

다시 비피더스 요구르트를 하나 물려드렸다. 그것도 금세 마셔버린다. 쪼글쪼글한 입가로 요구르트가 흘러내려 휴지로 닦아드렸다.

"너그 새끼는 애기 났나."

"지난번에도 물어보더만. 났지. 벌써 두 돌이 다 되었구마."

"아들이가."

"딸이라니까. 올 때마다 물어보네."

"그래. 아들 하나 더 나야 할 낀데."

언제나 배고픈 어머니의 세월

병실을 나와 간호사실을 찾았다. 지난달에 봤던 간호사가 자리에 있었다. 가져온 바나나맛 우유와 요구르트와 바나나를 건네며 조금씩 챙겨드리라고 부탁했다. 간호사는 넙죽 받으며 그러겠다고 했지만 어머니께 잘 전해지리라고는 믿기지 않았다. 다시 병실로 돌아왔다.

"너그는 묵고 살 만하냐."

"아, 묵고야 살지. 별 걱정을 다하고 그런다."

"농사도 짓고?"

"농사짓지. 우리 묵고 살 만큼은 지어요."

"그래, 그래."

점심 먹을 시간을 놓쳐 배가 고파왔다. 버스터미널 앞 국수를 무한리필해주는 순대국밥집이 생각났다. 벽시계는 두 시를 앞두고 있었다.

"형님이나 형수는 한번 다니러 왔던가?"

"너그 형수가 왔더라. 형님은 일 나간다더라."

"그래요. 그래도 일자리는 있나보네."

다시 흘끔 벽시계를 쳐다보았다.

"가야 안 되나. 가거라."

"그래, 가야겠소. 함양 가는 직통버스가 세 시에 있거든."

나는 몸을 일으켰다. 병상 등받이를 내려 다시 어머니를 눕혀드렸다. 어머니의 몸은 삭정이처럼 살짝만 거머잡아도 푸스스

부서져버릴 것 같았다. 홀로 남겨두고 병실을 나서는데 가슴이 몹시 아팠다. 어찌할 도리가 없는 것도 아닐 터인데 속절없이 손을 놓아버린 내 처지가 서글펐다.

밖으로 나오자 거리마다 당선 사례 낙선 사례 현수막이 요란하게 펄럭이고 있었다. 선거가 끝났구나.

부산으로 오는 버스 속에서 한 통의 전화를 받았다. 함께 환경운동을 하던 후배가 일자리를 얻었다는 소식이었다. 정부산하기관의 임명직 공직이라고 했다. 참 잘됐구나 싶었다. 언제나 수고롭게 일하던 그의 모습이 떠올라 축하전화를 해주었다. 전화기 건너 들려오는 그의 목소리는 한껏 밝고 힘찼다.

완도 미역양식장에라도 일하러 갈까 했던 지난해 겨울 내 모습이 떠올라 피식 쓴웃음을 삼켰다.

황혼에 물든 강물처럼 흘러갈 인생

순대국밥 한 그릇 말아먹고 진주로 버스표를 끊었다. 밭일을 시작하면서부터 왼쪽 어깨가 묵직하게 아파오더니 요즘은 팔을 늘어뜨릴 때마다 손가락 끄트머리까지 찌릿찌릿 모든 세포를 바늘로 찌르는 듯 아프고 저렸다.

필경 크게 좋지 않을 거라는 예감이 들었다. 그래도 병원에 가는 것이 못마땅해 하루하루 미루었다. 오늘은 나온 김에 한의원에라도 가봐야겠다고 마음먹었다.

"아이구, 김 대표께서 어쩐 일로."

동산한의원 문을 들어서자 오랜 세월 환경운동을 함께 한 장 원장께서 반가이 맞아주셨다.

"요새 손주 보는 재미는 어떠신가?"

"좋지요. 이제 막 뛰어다니고 그러네."

"그러게. 많이 컸을 기라. 정 여사는 잘 계시고? 무릎이 아프다더만."

"아이고. 집사람도 고물 다 되었지 뭐. 이제는 무릎보다 나처럼 어깻죽지와 팔이 많이 안 좋다고 그래요. 다음 주에 병원에 나와서 사진이라도 찍어볼라고."

"어허, 그리 안 좋아서 어째? 어깨가 어떻소?"

"참 나. 밭일 시작하고부터 어깨가 그리 안 좋네. 묵직하다가 찌르르르 온 팔이 저리고."

"목을 한번 돌려봐요."

"목은 이상 없는데."

목을 빙글 돌려보였다. 증상을 미루어볼 때 목 디스크가 의심된다고 했다. 그럴 수도 있으련만 나는 한사코 목은 아프지 않다고 했다.

아파서는 안 될 처지였다. 더 아프면 안 될 몸이었다. 어깻죽지에 부항을 뜨고 피를 뽑았다. 침을 맞았다. 팔다리에 침을 꽂은 채 누워 있는데 아, 내 인생이 이렇게 저무는구나 싶어 무거운 한숨을 토해냈다.

함양행 버스에 몸을 실었다. 옅은 황혼을 강물에 드리운 채 해가 뉘엿뉘엿 지고 있었다. 차창 밖 흐르는 강물을 본다.

이리 부딪히고 저리 깨어지면서 빠르게 골짜기를 벗어난 물이 편평한 곳에 이르러 느릿느릿 흘러가는 모습을 본다. 숨 가쁘게 흘러온 내 청춘의 세월도 이제 마침내 저런 모습으로 흘러 바다로 스며들겠지.

다음 주부터 장마라고 한다. 주말엔 감자 양파 수확해서 주문자들께 보내야겠다. 장맛비가 시작되기 전에 팥 심을 밭이랑 김매기를 하고, 감자를 심었던 밭에는 들깨 모종을 옮겨 심어야겠다.

외갓집처럼
친정집처럼
그렇게

밤이 이슥해 마당으로 나왔다. 써늘한 날씨에 풀벌레 울음소리
도 끊겼다. 건너편 다랑이논에서 고라니가 크게 울었다. 아래채
민박집 방의 봉창은 아직 불이 켜져 있고 도란도란 얘기 소리가
새어나왔다. 가끔 깔깔거리는 아이들 웃음소리도 섞여 나와 내
맘까지 푸근해지는 밤이었다.

습관처럼 아궁이 불씨를 확인하고, 마당 외등을 끄고 바깥마
당으로 나와 밤하늘을 보았다. 발등으로 쏟아질 것 같은 별무리
가 찬란하게 빛나고 있었다. 어느새 겨울 별자리가 밤하늘에 가
득했다. 따끔따끔 얼굴에 서리가 떨어지는 듯했다.

마당 언저리에서 팔짱을 끼고 가만히 아래채를 바라보았다. 곧 쓰러질 것 같은 집. 서까래도 많이 상했고 지붕 기와도 곳곳이 어긋난 집. 육칠십 년은 족히 되었음직한 낡은 집. 태풍이라도 올라치면 가슴 졸이며 쳐다만 봐야 하는 집. 그러나 저 집은 우리들 생계를 책임지는 보물 같은 집이었다.

"저 집을 손을 보든가 해야겠는데."

며칠 전 민박 손님들과 어울려 술잔을 돌리다 문득 저 낡은 아래채가 눈에 들어와 미안한 마음으로 중얼거렸다.

"이니, 왜요?"

부산에서 온 예림이 아빠가 나를 바라보았다.

"집이 좀 기운 것 같기도 하고, 돈만 있으면 확 밀어버리고 새 집을 지을 것인데. 그러면 손님들 지내기도 편할 것이고."

"그 무슨 말씀을. 저거 손대면 우리는 안 와요."

마주 앉은 천안 손님이 약간 술에 취한 채 손사래를 치며 끼어들었다.

"왜, 저 집이 어때서요?"

술을 그다지 즐기지 않는 예림이 아빠는 여전히 정색을 하고 있었다.

"그래도 우리는 미안하지요. 그 좋은 도시 모텔도 하룻밤에 얼만데. 방에 텔레비도 없고, 화장실도 없고. 그런 방을 비싼 돈 받고 민박을 하려니."

"우리는 그래서 오는데요."

천안 손님 아내가 맥주잔을 든 채 바짝 다가와 앉았다.

"우리도 저 집이 좋아서 옵니다. 저런 집이 어디 있겠어요."

예림이 엄마도 맞장구를 쳤다.

허물어질 집을 눈부시게 살려 놓고 보니

"우리 집사람이 이 집 알기 전까지는 여행할 때마다 특급호텔만 묵었어요. 국내고 외국이고 특급호텔만. 그런데 처음 이 집에 오고부터 확 바뀌었어요. 이런 집에, 직접 차린 음식에, 생면부지 옆방 사람들과 어울리는 이런 것이 여행의 맛이라고. 아이들도 외갓집 오는 것처럼 좋아하고, 아내는 친정집 오는 것처럼 좋아하니 이런 여행이 어디 있겠어요."

예림이 아빠가 차분한 어조로 말을 이었다. 예림이네는 이 낡은 집이 좋다면서 처음 인연을 맺고 한 해에 몇 번씩 다녀갔었다. 초등학생 자녀 셋을 둔 대가족이었다. 올 때마다 아내를 위해 빵을 한가득 안고, 서하 장난감도 챙겨오곤 했다. 예림이네가

오는 날은 마당 고양이들 잔칫날이기도 했다.

　처음 이 마을에 들어와 이 집을 만나고 한 달도 되지 않아 이
사를 와버렸다. 지리산 천왕봉을 마주하는 조망경관이 좋았고
아직은 투박한 산촌 그대로의 마을 모습이 좋았다. 그런데 어머
니와 형제자매들과 어린 시절을 보냈음직한 저 집이 더없이 포
근하게 나를 잡아당기는 거였다.

　시멘트 블럭을 쌓아 지은 본채는 눈에 들어오지도 않았다. 오
직 아래채 저 집이었다. 이사를 오자마자 이웃 마을 목수를 불러
아래채를 손보기 시작했다. 썩어 내려앉은 마루를 다시 깔았다.
창고로 쓰던 곳을 방으로 만들었다. 너덜너덜해진 흙벽을 수리
하고 하동 고령토광산에서 가져온 황토를 발랐다. 부서져나간
문살을 새로 갈아 끼우고 기둥에 칠해진 페인트를 벗겨냈다. 그
러자 그 허물어질 것 같았던 집이 눈부시게 살아나는 것이었다.

　이사 온 이듬해 지리산 둘레길이 우리 집 곁을 지났다. 그 무
렵 아내도 서울생활을 끝내고 내려와, 아래채 방 세 칸으로 민박
을 시작했다. 가진 것 없고 돈벌이도 마땅찮은 우리가 할 일은
민박밖에 없었다. 이웃이 내어준 자투리땅 이백 평이 농사의 전
부였다.

다행히도 민박 손님은 꾸준히 찾아들었다. 지금은 며느리가 되어 함께 살고 있는 보름이도 그때 민박 손님으로 찾아와 아래채 작은방에 묵었다. 나는 환경운동가, 아내는 자연음식을 배우며 여기 산골에 살고 있으니 이런저런 소문이 났다. 이름깨나 알려진 이들도 우리 민박집을 찾아들곤 했다.

그러자 매스컴이 가만 두지 않았다. 별별 텔레비전 제작진에서 찍자고 연락을 해왔다. 몇몇 프로그램을 받아들였는데 그때도 배경은 오직 저 아래채였다. 심지어는 저 낡은 집이 SBS 〈불타는 청춘〉의 무대가 되어 유명한 연예인 여럿을 품었던 적도 있었다. EBS 〈한국기행〉이나 KBS 〈인간극장〉의 무대가 되기도 했다.

허물어져 가던 저 집이 나를 만나 호사를 누리는 것인지, 힘든 삶을 연장하는 것인지 우리는 알지 못했다.

낡은 우리 집을 통해 또 다른 세상을 배우다

저 집이 없었다면 우리 가족이 이 마을에 정착할 수 없었을 거라는 생각이 들곤 한다. 저 집으로 민박을 하지 않았다면 우리 집은 그야말로 적막했을 거였다. 많이 외롭고 쓸쓸했을 거였다.

누구도 찾아와 하룻밤 정든 얘기를 나누지도 못했을 것이고, 그리하여 마침내 그 적막을 이겨내지 못하고 다시 도시로 기어 들어가버렸을지도 모를 일이었다.

저 집이 있어 나와는 전혀 다른 세상에서 살아온 사람들을 만날 수 있었다. 그 다른 세상을 맛볼 수 있었다.

오직 내가 사랑하고 미워한 세상만이 세상이라고 믿었던 나에게 또 다른 세상을 보여준 집이었고, 그 집을 찾아준 그들이었다. 또 다른 세상 이야기를 들려준 그들이었다. 그 자영업자였고, 그 노동자였고, 그 사업가였고, 그 무명시인이었고, 그 술꾼이었고, 그 학생이었다.

그리고 나는 알았다.

그들로부터 듣고 보고 배웠다. 이 세상 자본이 모두 천박한 것만은 아니라는 사실을. 진보주의자들이 꿈꾸는 세상도 욕망과 슬픔과 괴로움이 영영 걷히지 않을 거라는 사실을. 내가 자랑스러워하며 쏟아낸 말과 행동이 그 누군가의 가슴을 많이도 아프게 했을 거라는 사실을.

그리고 나는 알았다. 그들이 겪었을 아픔과 원망이 결국은 내가 짊어져야 할 무거운 짐짝이라는 것을.

"많이 추워졌네."

다시 한번 아궁이 불씨를 살펴보고 방으로 들어왔다. 뒤따라 들어온 써늘한 공기가 나를 이불 속으로 밀어 넣었다.

"아래채 문 빨리 해달아야 할 텐데."

텔레비전 드라마를 보던 아내가 쳐다보지도 않고 또 문 타령이었다. 아내는 매일같이 아래채 문 타령이었다.

마루에 미닫이문을 해 달면 좋겠다는 생각을 했었고, 올해 겨울이 오기 전에 꼭 해 달겠노라고 약속을 했었다. 마루에 미닫이문을 달면 아래채가 한결 포근해질 것 같았다. 눈보라도 막고, 외풍도 막고, 고양이들의 접근도 막을 수 있고, 보기에도 좋을 것 같았다.

우리는 저 아래채를 더 예쁘게, 더 따뜻하게, 더 다감하게 치장해주어야 할 의무가 있었다. 그리하여 저 집과 저 집을 찾아드는 모든 이들이 함께 아름답고 행복해지도록 가꾸어야 할 책임이 있었다.

"내일 남원 시내 헌 문집이라도 찾아가봐야지."

"꼭 옛날 시골 점빵집 문처럼 문살이 쫌쫌한 것으로 구해야 해요."

낭팰세. 이 세상에 그런 문짝이 아직 남아 있을까 몰라.

봄바람
맞으며
봄 소풍 갈거나

"당신은 세상에서 젤 행복한 사람이야."

언젠가 어느 모임에서였다. 송년모임이었던 듯하다. 갑자기 마주 앉은 동갑내기 지인이 괄괄한 목소리로 말을 쏟아냈다.

"자식이라고 키워놨더니 한 해가 다가도록 두어 번 만날까말까 한데 당신은 매일매일 보며 살잖아. 손주 재롱도 매일매일 보고."

"아이고, 그게 무슨 행복이라고."

나는 별 생뚱맞은 소리를 다 하고 있다며 속으로 혀를 찼다.

"가족이 함께 모여 사는 거, 그만한 행복도 없는 것이여."

곁에 앉은 지인도 맞장구를 쳤다.

마주 앉은 동갑내기나 곁에 앉은 지인의 아들딸들은 모두 좋은 직장을 얻어 서울에서 살거나 외국에 나가 있기도 했다. 심지어는 자식들 수발드느라 아내마저 떠나보내고 홀로 사는 이도 있었다. 자리에 함께한 일고여덟 명 중에 나만 혼자 가족과 함께 살고 있었다.

아들의 결혼이 다가오면서 아내와 나는 걱정이 많았다.

변변한 직장도 가지지 못한 녀석의 살길도 걱정스러웠지만 무엇보다 큰 걱정은 며느리와 함께 살게 된다는 부담이었다. 서로 살아온 모양새가 다르니 갈등이 생기게 마련일 것이고, 그럴 때마다 잘 극복하며 살 수 있을까 하는 걱정이었다.

가족이 함께 산다는 것은

처녀시절 우리 집에 민박을 와서 만난 좋은 인연이 기어이 가족으로 그 끈을 동여매게 되었으니 나와 아내는 싱글벙글이었지만, 그 좋은 인연에 혹여 상처라도 생기면 어쩌나 하는 걱정은 떠나지 않았다. 며칠 머물다 떠나는 민박 손님과 항시 얼굴 마주

보며 살아야 할 가족은 달라도 한참 다른 처지였다.

결혼을 하고 살림을 차렸다. 아랫집 윗집으로 나누어 살 뿐, 한 집이나 다름이 없었다. 눈만 뜨면 만나고, 만나면 이런저런 이야기를 나누고, 때가 되면 겸상을 했다. 감기라도 걸리면 머리 맡에 앉아 애지중지하고, 한 해 생일잔치를 넷이서 네 번 하는 즐거움을 누렸다.

손녀 서하가 태어나 다섯 식구가 되면서부터 생일잔치도 다섯 번으로 늘었다. 밥상을 함께하는 횟수도 늘었고, 함께 나들이하는 횟수도 늘었다. 밥상에 놓인 수저와 밥그릇이 늘었고, 반찬 가짓수가 늘었고, 즐거운 날이 늘었고, 기쁜 날이 늘었고, 웃는 날도 늘었다.

한솥밥 먹는 식구로 모여서 살기 시작한지 여섯 해, 이제는 서로 떨어져서 살 수 없을 사랑이 쌓였다.

보름이가 새 식구로 들어오고 이듬해 봄이었다. 모내기 준비를 하느라 논에서 일을 하는데 건너편 집 앞에서 보름이가 발을 동동 구르며 나를 부르고 있었다. 놀라 허둥대며 달려갔더니 개 두렁이와 이랑이를 데리고 산책을 갔는데 이랑이가 덫에 걸렸다는 거였다.

덫에 걸려 버둥거리는 이랑이를 떼어내려다 덫에 긁히고 덫에 걸려 고통스러워하던 이랑이 이빨에 찢겨 손에서는 피가 흐르고 있었다. 두렁이를 앞세워 이랑이가 덫에 걸렸다는 밭두렁으로 찾아가 덫을 열고 이랑이를 빼냈다. 발목에 덫 자국이 선명하게 찍혀 있었다. 보름이는 손에 피를 흘리면서도 거기까지 따라와 있었다.

이랑이를 어깨에 걸쳐 메고 집으로 향하는데 갑자기 덜컹 가슴을 짓누르는 듯한 걱정이 몰려오는 것이었다. '혹시 보름이가 이런 일에 실망해 도시로 나가 살겠다고 하면 어쩌나' 하는 걱정이었다.

생각이 거기까지 미치자 눈앞이 깜깜했다. 함께 살고 일 년도 채 되지 않았는데 가족으로서의 정은 많이 깊어 있었다. 아들 내외가 우리 곁을 떠나 도시로 간다는 일은 상상할 수조차 없었다. 우리는 어느새 떨어져 살 수 없는 가족이 되어 있었다.

그리고 그해 가을이었다. 이번엔 보름이가 쓰쓰가무시병에 걸렸다. 고구마를 캐고 며칠 지나지 않아 감기몸살 증세로 드러누웠다. 마을 보건지소에서 지어온 감기몸살 약으로 낫지 않아 읍내 병원에 갔더니 감기몸살이라고 했다. 읍내 약국에서 지어온 약을 먹어도 차도가 없어 다시 남원 큰 병원으로 갔는데 쓰쓰가무시에 감염되었다는 거였다.

며칠 병원 신세를 지고 돌아왔을 때도 이랑이가 덫에 걸렸던 그때와 똑같은 걱정을 했었다. '이런 형편없는 산골에서 못살겠다며 도시로 나가 살겠다고 하면 어쩌나' 하는 걱정이었다. 그러나 보름이는 조금도 그런 내색 없이 언제 그런 일이 있었냐는 듯 곁에서 잘 살아주었다.

가족은 언제나 뒷전으로 밀리고

가족이 뒷전인 시절이 있었다. 민주주의와 민족과 자주와 통일을 외치던 시절이었다. 먹고 사는 일이 뒷전인 시절이었다. 아내는 어렵게 어렵게 아들놈과 살았고, 나는 거리에서 광장에서 살던 시절이었다. 가족을 먼저 생각하면 반동이라는 생각에 젖었던 시절이었다. 민족과 사회와 이웃이 먼저라는 생각을 가져야 했던 시절이었다.

새로운 세상을 만드는 일이 첫째인 시절이었다. 주공아파트 앞 조그만 반찬가게에 딸린 네 평 단칸방에서 사는 것을 오히려 자랑스럽게 여기던 시절이었다. 주말이면 나들이는커녕 예닐곱 살 아들놈 데리고 집회장에 나가 '타는 목마름으로'를 애타게 불렀던 시절이었다.

그렇게 세월은 흘렀고, 나는 썰물의 해변에 흩어져 있는 한 조각 나무토막처럼 이 세상에 남아 있었다. 구호와 함성과 돌팔매는 결코 세상을 바꿔놓지 못했다. 아들은 장성해 있었고, 아내는 어금니를 잃은 중늙은이가 되어 있었다. 그 무렵 나는 너덜너덜해진 인생을 끌고 가장이 되어 가족들 곁으로 돌아왔었다.

"우리 봄 소풍 한번 갈까?"

며칠 전 이른 아침이었다. 아들녀석과 함께 하동 화개면 양수발전소 건설계획 반대 주민집회에 가던 길이었다. 오랜만에 만난 섬진강, 드넓은 모래톱과 굽이굽이 피어나는 매화향이 코끝을 간지럽혔다. 갑자기 이런 풍경 속으로 가족들과 함께 소풍을 오고 싶었다.

"그러면 좋겠네. 매화도 피어나고, 며칠 지나 카페 문 열고 나면 나들이 나올 시간도 없고."

"이번 주말 아니면 시간이 없지? 이번 주말로 할까?"

"그래요. 이번 주말은 한가해요."

아들녀석도 맞장구를 쳐주었다.

내 삶에 가장 빛나는 봄 소풍

아내는 육전을 부쳐가며 도시락을 싸고, 보름이는 서하 꽃단장을 하고, 아들녀석은 자동차 청소를 하면서 부산한 아침을 맞았다. 나는 버너와 냄비와 라면과 돗자리를 챙겼다.

운봉고원을 넘자 봄바람이 살랑거렸다. 구례 읍내를 한 바퀴 돌아보고, 화엄사 각황전 앞에서 사진을 찍었다. 점심나절에 도착한 섬진강은 매화향을 한껏 품고 흘렀다. 강가 정자에서 돗자리를 폈다. 서하와 보름이와 아내는 섬진강 모래톱을 쏘다니며 봄 햇살을 맘껏 희롱하고 있었다.

"우리 이리 행복해도 되는 것이야?"

도시락을 펴면서 아내가 환하게 웃었다.

"충분히 그래도 돼요."

보름이가 말을 받았다.

참 오랜만에 하는 가족 나들이였다. 내가 먼저 제안한 나들이인데도, 가족으로 이루어 살아온지 여러 해가 지났는데도 어쩐지 내 동작과 표정은 많이 어색한 느낌이었다.

한없이 행복해야 할 이 순간, 어지러운 세상과 어렵게 살고 있는 이웃들이 머릿속을 스쳐지나갔다.

아, 나는 언제쯤 가족을 첫째로 여기며 살아갈까.

아, 나는 언제쯤 저 사랑하는 이들과 어울려 온전한 가족이 될
수 있을까.

무심한
지아비,
무심한 아버지

서하가 어린이집에 들어갔다. 세상 밖으로 첫발을 내딛은 셈이다. 아침시간이 급하게 돌아간다. 밥 먹는 시간도 많이 당겨졌다.

"오늘 어린이집에서 뭐하고 놀았대?"

"친구들과는 잘 어울려 지내고?"

"오늘 간식은 뭐 나왔대? 잘 먹기는 하고?"

가족이 모인 저녁 밥상 앞에서는 온통 서하 어린이집 얘기였다. 혼자 집에만 있다 또래의 아이들을 만났으니 무슨 장난을 하는지, 여전히 잘 웃는지, 선생님 말씀을 잘 듣고 따르는지 궁금한 것이 한두 가지가 아니었다.

서하가 다니는 어린이집은 우리 집으로부터 삼십 리 정도 떨어져 있다.

"아버님이세요? 여기 마천어린이집인데요."

지난해 연말 집으로 걸려온 전화를 받았다. 사근사근하기가 깎아둔 배 같은 목소리였다.

"댁에 내년에 어린이집 다닐 아이가 있다고 해서 한번 찾아뵐까 하는데요."

"나는 할애비고, 애 엄마는 집에 있으니 언제라도 와보시든가 하세요."

그날 저녁 밥상머리에서 서하 어린이집 얘기가 나왔다.

"오늘 마천어린이집에서 찾아온다고 전화가 왔더마. 찾아왔었어?"

"만나봤어요."

보름이가 그다지 밝지 않은 표정으로 말을 받았다.

"뭐래? 어떻대?"

아내가 귀를 세우고 끼어들었다.

"서하와 같은 나이는 서하 혼자래요. 원생 전부 합쳐 다섯 명이고요. 차 가지고 집 앞까지 와서 태워갔다가 태워오기도 한다는데."

"혼자라고? 동갑나기가 혼자?"

"그렇다네요."

보름이는 못마땅한 모양이었다. 친구와 사귀고 관계를 가지게 하기 위해 보내는 어린이집이었다. 그런데 동갑내기가 없으니 영 마음이 내키지 않은 듯했다. 면 소재지에 달랑 하나 있는 어린이 집에 동갑내기 신입생이 한 명도 없다고 했다. 하긴 백 세대쯤 되는 우리 마을에 서하와 가장 가까운 나이의 아이가 아홉 살이 니 마천면을 통틀어도 동갑내기 만나기는 쉽지 않을 일이었다.

"내일은 저기 산내어린이집을 알아보려고요. 거긴 젊은 귀농 인이 많으니 여기 어린이집보단 나을 거 같아서요."

"그래, 그래봐라. 좀 멀긴 해도 아이에게 친구가 있어야지."

아내가 다독거리듯 말했다.

아들 내외가 보여준 어버이의 모습

산내어린이집은 행정구역이 전라북도 남원이다. 경상남도 함양 에서 다니기엔 상당히 먼 거리다. 게다가 행정구역이 다른 탓에 거기 어린이집은 차량운행을 못한다고 했다. 아침에 데려주고 마치면 데려와야 하는 처지였다. 하루 이틀도 아니고 그 일을 어린이집 졸업하는 날까지 해야 하니 여간 번거롭고 힘든 일이 아닐 터였다.

산내어린이집을 다녀온 보름이는 서하를 그 어린이집에 보내기로 결정했다. 동갑내기는 넷이고, 그중 둘은 사내아이라고 했다. 그나마 성별이 다른 동갑내기도 있어서 흡족한 표정이었다.

"너희들 고생이 많겠다. 매일매일 데려가고 데려오고 하려면."

"그거야 뭐, 부모니까 당연히 해야지요."

어느새 어머니와 아버지의 모습을 한 아들 내외가 마주 앉아 있었다.

퍼뜩 어머니의 모습이 떠올랐다. 내가 일곱 살 때였다. 골목에서 놀고 있는데 커다란 개가 달려와 내 손목을 덥석 물었다. 지나가던 어른이 작대기로 내려치고서야 개는 물었던 손목을 놓고 도망쳤다.

손목에선 피가 철철 흘렀다. 속살이 허옇게 드러나기도 했다. 어머니는 광목으로 상처를 싸매고 나를 등에 업은 뒤, 십 리 밖에 있는 면 소재지 보건소로 내달리기 시작했다. 등에 업혀 가는데 잘그락잘그락 신작로 자갈 밟는 어머니의 발자국소리가 거칠게 들렸다.

다음 날 어머니는 진주의료원에 나가 광견병 주사약을 사오셨다. 그날 이후 하루도 빠짐없이 어머니는 일곱 살짜리 나를 등에 업고 면 소재지 보건소를 다니셨다.

먹을 것이 모자라는 시절이었다. 거지가 밥 동냥을 다니던 시절이었다. 주인을 떠난 굶주린 개가 마을을 훑싸다니던 시절이었다. 가끔 미친개에 물려 사람이 미쳐서 죽었다는 흉흉한 소문이 돌던 시절이었다.

광견병 주사약이 다 떨어질 때까지 어머니는 나를 등에 업고 보건소를 다니셨다. 광견병 주사는 척추에 놓았다. 나는 지칠 대로 지쳤고, 마침내 혼절했다, 이후 허약해진 몸으로 야뇨증을 앓았다. 잠을 자다보면 나도 몰래 잠자리에 흥건히 오줌을 싸곤 했다. 긴 겨울밤에는 하룻밤에 두 번 세 번 싸기도 했다. 그때마다 어머니는 잠에서 깨어 내 옷을 갈아입혀주셨다.

축축이 젖은 옷을 벗고, 이부자리를 걷어내고, 새 옷으로 갈아입었을 때의 그 뽀송뽀송한 느낌은 지금도 잊히지 않는다. 먹이고 살리기 위해 스스로를 희생하며 억척스레 살아가던 어머니의 모습이 아들 내외의 모습에서 어른거렸다.

나도 다정한 지아비로, 아버지로 살고 싶었으나

돌아보면 나는 참 무심한 아버지였고 지아비였다. 자식이나 아
내를 위해 희생한 기억이 없다. 시장을 가도 내가 좋아하는 반찬
거리만 사왔다. 어쩌다 소풍 같은 여행을 가도 내가 좋아하는 곳
으로만 다녔다. 아들에게 장난감을 사준 기억도, 아내에게 꽃다
발을 건넨 기억도 없다.

이런 내 모습이 참 한심하다는 생각을 나도 했었다. 왜 이럴까
하는 생각도 했었다. 왜 남들처럼 다정한 아버지도 되지 못하고
살가운 지아비도 되지 못할까 하는 반성도 했었다.

잘해야지 하면서도 그게 잘되지 않았다. 나는 네 살에 아버지
를 잃어 아버지의 모습을 보지 못한 채 자랐다. 그래서 좋은 지아
비의 모습도, 아버지의 모습도 보여주지 못하는 것이라 여겼다.

아들 내외와 함께 살면서 그들의 모습에서 어버이를 본다. 때
가 되면 반찬을 챙기고 정성들여 떠먹여주는 아버지의 모습을
본다. 국물을 쏟고 앙탈을 부려도 어르고 달래며 밥숟갈을 놓지
않는 어머니의 모습을 본다. 밥그릇을 다 비웠을 때의 그 흡족해
하는 모습에서 어버이를 본다.

어린 딸을 위해 매일매일 삼십 리 넘는 길을 선택한 거룩한 어
버이의 모습을 본다.

"아버지, 내일 서하 좀 봐주세요."

"아니, 왜?"

"서하 아빠는 어린이집 울력 가고, 어머니는 정토회 회향 가신 대요."

"그럼 내가 봐야지. 오전만 보면 되지?"

내 평생 아이를 보는 일만큼 힘든 일은 없었다. 의사소통이 전혀 되지 않는 아이를 돌보는 일은 세상에서 가장 가혹한 노동이었다. 사랑도 정성도 섬김도 통하지 않는 것이 아이 보기였다. 넘어질세라 부딪칠세라 한순간도 맘을 놓지 못하는 것이 아이 보기였다.

아이를 보니 차라리 삽질을 하는 편이 나았다. 보름이는 카페에 묶여 있고, 아들은 일 나가고, 아내마저 자리를 비우게 되면 서하를 보는 일은 영락없이 내 차지다. 내일은 망했다.

"내일 비 온다는데 어린이집 울력은 하나 몰라."

나는 넌지시 아들놈을 쳐다보았다. 며칠 전부터 비 예보가 있었던 기억이 떠올랐다.

"어, 내일 일 안 한다네요. 비 온다고."

카톡을 확인한 아들놈이 저도 좋아라 하면서 소리치듯 말했다. 나도 덩달아 환하게 표정을 펴며 외치듯 말해버렸다.

"그럼 나 내일 서하 안 보고 읍내 목욕탕 가도 되는 거지?"

201

쏘아보는 아내의 눈초리가 찔레 가시처럼 따갑게 느껴졌다. 보름이의 허망해하는 표정이 곁눈질로 보였다. 마주 앉은 아들 놈은 한동안 입을 떡 벌리고 다물지 못했다.

아, 가련하여라. 나는 여전히 좋은 아버지도, 지아비도 되지 못한 상태였다.

세상에서 가장
장가
잘 든 사람

"나는 세상에서 장가를 참 잘 들었다 싶은 사람 셋을 봤어요."

이른 아침, 보름이가 현관을 들어서면서 아내를 바라보며 생글거렸다.

"누구?"

서하 소풍 간다고 달걀볶음밥과 잡채를 만드느라 부산한 아내가 무슨 소리냐는 듯 보름이를 슬쩍 쳐다본다.

"둥이네와 최 시인과 아버님요. 그중 으뜸은 단연 아버님이구요."

"내 그럴 줄 알았다."

나를 바라보며 계면쩍게 웃는 보름이를 마주 보며 나도 웃었다.

살아오면서 만나는 사람들이 나를 보며 대개 그런 생각을 했을 거였다. 내가 워낙 무뚝뚝하거니와 분위기 파악을 못해 생뚱한 말을 하기 일쑤이니 마음씨 고와보이는 아내의 고생이 눈에 선할 거였다.

걸핏하면 드러나는 가부장적 심술

어제는 이웃들을 초대해 한바탕 잔치를 열었다. 집수리를 마쳤으니 집들이를 해야 한다는 성화에 못 이겨 슬며시 아내에게 평상 분위기를 알렸더니 아내가 흔쾌히 받아들였다.

아내 곁에서 파를 다듬고, 설거지도 도와주면 좋으련만 나는 나 몰라라 하고 밭일을 나가버렸다. 아내는 홀로 음식 준비에 바빴다. 부추전과 죽순초회와 오리탕을 장만했다. 평상에 자주 모이는 여덟이 모두 왔다.

대숲 그늘이 내려앉은 새로 만든 드넓은 마루에 모였다. 마시다 남겨두었던 양주와 고량주, 소주, 맥주를 내왔다. 이웃들은 즐거워했고, 모든 음식을 남김없이 해치웠고, 급기야 자장면 내기 화투치기가 이어졌다. 면 소재지 중국집에서 자장면 일곱 그

릇과 우동 세 그릇을 배달해왔다. 퇴근한 아들놈과 보름이도 자
장면을 즐겼다. 서하는 거의 한 그릇을 다 비웠다.

그렇게 즐거운 분위기가 끝나갈 무렵 사달이 벌어졌다. 뒷마
당 닭장 앞 파리가 떼로 몰려와 극성이었다. 아내는 파리약을 뿌
렸고, 그 파리약이 내 얼굴에 조금 튀었다.

"이게 뭐야, 딸꾹. 신랑 얼굴에 파리약을 뿌려? 딸꾹."

화를 낸 건 아닌데 내 말투가 워낙 딱딱해서 화를 낸 것으로
들렸는지 아들놈이 왜 그러냐며 핀잔을 주었지만, 나는 그대로
드러누워 잠들어버렸다. 언제 그런 일이 있었느냐는 듯 아침을
맞았고, 아내도 내게 별 서운한 감정을 보이지 않았다.

"아버지, 어제 일 기억나세요?"

"무슨 일? 파리약? 그게 무슨 일이라고······"

"일이죠. 하루 종일 애쓴 어머니를 생각해보세요. 빨리 어머니
께 사과하세요. 어서요."

보름이는 여전히 생글거리며 다그쳤다. 미안하다고 한마디 해
줄 수도 있으련만 어떻게든 빨리 이 자리를 피해야겠다는 생각
만 들었다.

주섬주섬 토시와 장갑을 챙겨들고 현관문을 나서려는데 아내
가 눈을 흘기며 혀를 찼다.

"저 봐라. 저래 빠져나간다. 쯧쯧."

'마포남'을 명예롭게 여기던 시절

밭을 둘러보는 내내 보름이가 한 말이 떠올라 실실 웃음이 새어 나왔다. 내가 마누라 잘 얻었다는 말은 신물 나게 들어온 터라 그렇다 하더라도, 보름이 말마따나 둥이네와 최 시인을 떠올려 보니 그 두 사람은 세상에서 장가 잘 든 사람이 확실해 보였다.

남의 가정사를 일일이 알 수는 없으나 둥이 엄마나 예지 영인이 엄마를 보면 그런 분위기가 물씬 풍기는 것이었다. 엄마들은 언제나 싱글생글한데 아빠들은 언제나 딱딱하게 굳어 있으니 당연히 드는 생각이었다. 내 모습도 비슷하려나 생각하니 쓴웃음이 났다.

나도 마찬가지일 거였다. 살아오면서 아내가 다른 누구에게 얼굴 찌푸리는 걸 본 적이 없었다. 말 한마디 거칠게 하는 걸 들은 적이 없었다. 내게는 짜증도 내고 삐지기도 하지만 다른 사람 앞에서는 언제나 싱글생글이었다.

그러나 나는 달랐다. 거울을 볼 때마다 얼굴 좀 펴고 살아야지 하는 다짐을 했었다. 세상은 거칠었고, 나를 휘감고 흐른 세월은 척박했다. 입은 굳게 닫혔고, 눈초리는 치켜 올랐고, 눈동자는 꺼실꺼실했고, 어깨는 축 처졌다. 누가 봐도 곱게 봐줄 모습은 아니었다. 그러니 당연히 '마누라 잘 얻었다' '마누라 덕에 먹고 산다'는 말을 들으며 살 수밖에 없었다.

'마포남'이라는 단어가 생겨 유행하던 시절이 있었다. '마누라가 포기한 남자'를 일컫는 용어였다. 내가 살던 도시에 자리잡은 소위 운동권에 세 명의 '마포남'이 있었는데, 그중 으뜸이 바로 나였다. 좋은 세상을 위해 그저 열심히 활동하는 사람을 일컫는다는 뜻으로만 알고 어깨를 으쓱거렸을 거였다. 대책 없이 나대는 사람이라는 뜻을 가졌다는 사실을 그때는 몰랐었다.

'마포남'이 자랑인 시절이었다. 좋은 세상 바라 왕성하게 활동히던 시절이었다. 짐 자전거에 노동자신문을 싣고 진주 상평공단을 쏘다니고, 지리산 댐 반대집회에 모든 것을 걸던 시절이었다. 가족들이 무엇으로 먹고 사는지 신경조차 쓰지 않던 시절이었다. 좋은 세상이 올 거라 믿으며 가족과 가정은 버려둔 채 거리로 현장으로 나가던 시절이었다.

사랑한다고, 고맙다고 한마디 말도 해주지 못한 시절이었다. 미안하다고, 조금만 더 참고 살아보자고 살며시 껴안고 토닥토닥 등을 두드려 주기라도 했으면 좋았으련만 나는 거기까지 철이 들어 있지 못했다. 당연히 '마포남'으로 살아야 하는 줄로만 알았고, 그렇게 사는 것을 자랑스러워하던 시절이었다.

어느새 희끗해진 아내의 귀밑머리

"사랑해."

언젠가 불쑥 이 말을 한 적이 있었다.

연분홍 복사꽃과 새하얀 배꽃이 만발한 어느 봄날, 진주 비봉산 언덕길을 산책하면서였을 것이다. 어쩌면 샛노란 장다리꽃 너머로 팔랑팔랑 흰나비 한 마리 날고 있었을 법한 봄날이었을 것이다.

"별스럽네. 그런 말을 다 하고."

아내가 먼 산을 바라보는 사이 나는 '정말이야'라는 말까지는 하지 못했다. 그 말마저 했더라면 좋았을 것을. 다들 그렇게 말을 해주며 살고 있다는 사실을 그때는 몰랐다.

나는 늘 그랬다. 경상도 남자라고 다 그렇겠는가마는, 다정다감과는 담 쌓고 살아온 경상도 남자여서 그렇겠거니 하고 생각해줄 것이라는 믿음이 있었다. 고맙다고 미안하다고 말은 안 해도 나를 늘 속정이 깊은 '좋은 남편'이라고 생각할 거라는 믿음이 있었다.

"사랑해."

그날 불쑥 뱉어낸 이 한마디 말로 한정 없이 깊은 내 사랑이 아내에게 전해지리라는 믿음이 있었다. 평생을 곁에서 함께 살며 위로하고 격려해줄 '내 남편'으로 생각할 거라는 믿음이 있었다.

그날 이후 지금껏 나는 아내에게 '사랑해' '미안해'라는 말조차 한마디 제대로 속삭여주지 못하면서 살았다. 거칠어진 손 한번 잡아주지 않았고, 희끗희끗 물들어가는 귀밑머리 한번 만져주지 못했다.

가슴속에 새긴 말, 사랑한다고

다시 봄날이 와서 연분홍 복사꽃이 피고 새하얀 배꽃이 피어도 뜨겁던 그 청춘의 가슴으로 힘껏 껴안아주지 못할 것임을 나는 안다. 끝끝내 이 일그러진 얼굴 굳은 표정은 펴지지 않을 것이며, 아내 또한 나머지 세월을 그러려니 하며 끌려가듯 살아갈 것임을 나는 안다.

나는 여전히 못난 남편으로 남아 사랑한다고, 고마웠다고 속삭여주지도 못할 것이다. 살아오느라 그동안 고생 많았다고, 나머지 인생길도 이렇게만 살아보자고 토닥토닥 등을 두드려 주지도 않을 것이다. 이제 촉촉하고 포근한 그 감성의 세월은 영영 돌아오지 않을 것이다.

저만치서 따로 늙어가는 아내를 바라봐야 하는 건조한 세월만

이 남았겠지. 빈방에 홀로 누운 아내의 성긴 머리카락을 멀뚱멀뚱 바라보며 회한에 젖는 세월만 남았겠지.

내게 아직도 흘릴 눈물이 남아 있다면 그쯤에서 한번쯤 뜨겁게 눈시울 붉히게 되겠지.

속울음 삼키며 또 돌아서버리는 못난 '마포남'으로 남아 있겠지.

"어제 음식 장만하느라 고생 많았어. 고맙소. 파리약에 화난 것이 아닌데 그리 들었다면 미안해요. 앞으론 말을 좀 조심하며 살게."

밭을 둘러보고 집으로 가는 길, 이 말을 자꾸 연습해보지만 끝내 이 말조차 가슴속에 묻어버릴 것임을 나는 안다.

시아비의
품격이란
무엇일까

서하의 말이 늘어간다. 엊그제만 해도 더듬더듬 무슨 말을 하려는지 알아듣기 어려웠는데 하루하루 달라진다.

"말도 안 된다. 흥!"

어린이집에서 돌아온 뒤 저녁 밥상머리에서 이런저런 대화 끝에 서하가 불쑥 뱉은 말이다.

식구들이 빵 터졌다. 아내는 배를 잡고 뒹굴고 나도 입안 가득한 밥알이 튀어나올 뻔했다. 보름이와 휘근이도 자지러졌다. 특히 '흥!'이라는 말을 하면서 보인 서하의 표정은 참으로 가관이었다. 어린이집에서 배워온 듯하다.

서하는 그렇게 무럭무럭 자란다.

얼마 전 보름이와 휘근이 결혼기념일이었다. 벌써 여섯 해가 흘렀다.

예식장은 서울이었다. 제법 강한 더위가 찾아온 그날, 여름양복 차려입고 관광버스를 탔다. 흩어져 사는 일가붙이들과 주변 지역 지인들이 하객으로 자처하여 전세버스를 냈었다.

정해진 절차대로 예식은 진행됐고, 마지막으로 폐백실에 앉아 보름이의 큰절을 받았다. 마침내 우리 가족이 되는 순간이었다. 고맙고 감사한 마음에 살짝만 건드려도 눈두덩이 흠뻑 젖을 것 같았다.

어느 모로 보나 아들에게 보름이는 과분한 처자였다. 참으로 보잘 것 없는 시가였다. 든든한 배경도 넉넉한 살림살이도 갖추지 못한 어버이였고, 게으르고 어리바리한 아들이었다. 아들만 보면 언제나 '각박한 세상, 저래서 어찌 사나' 하는 생각이 들 지경이었다.

환경단체 활동가로 일하는 아들은 둘이 먹고살기에도 턱없이 부족할 쥐꼬리만 한 월급을 받고 있었다. 변변치 못한 농사와 남루한 집으로 민박을 치는 어버이는 며느리와 아들이 살 방 한 칸 제대로 장만하지 못한 상태였다.

이런 산골에 시집와서 함께 여섯 해를 살았다. 보름이는 슬기롭게 잘 살아주었다. 때로 행복에 겨워하면서, 가끔씩 한숨을 쉬기도 하면서.

보름이의 마음씨는 비단결 같은데

바로 엊그제였다.

"카페에도 점심으로 먹을 요깃거리 팔지요?"

아침 밥상을 물리고 숭늉을 마시며 민박 온 손님이 보름이에게 물었다.

"뭐, 토스트에 잼 발라먹는 거랑 텃밭채소 샐러드국수랑 살구 케이크 정도는 있어요."

"그럼 됐네. 오늘은 카페에서 해먹도 타고 뒹굴뒹굴하면서 쉴래요."

"이 좋은 계절에 지리산 여기저기 구경도 하고 다니세요. 맛있는 것도 좀 드셔보시고."

보름이는 주변에 있는 음식점을 자세히 알려주었다.

칠선산장 닭도리탕이나 닭백숙도 맛있다 하고, 금계식육식당 흑돼지구이도 좋다 하고, 살래국수집도 괜찮다 하고, 인월에 가면 어탕집과 뼈다귀탕집과 장터순대국집도 있다며 빼놓지 않고 소개해준다.

곁에서 식탁 위에 놓인 복숭아 조각을 드는데 풋, 웃음이 났다.

푼수도 아니고, 자기 카페에서 사먹겠다는데 굳이 저런 말을 다 하나 싶었다. 하루 서 너댓 테이블 채우기도 벅찬 산골마을 구석진 곳에 자리한 카페 아닌가. 저 가족들이 카페에 들면 그래도 꽤 큰 손님인 셈이었다.

"그럴까요?"

"그러세요. 성삼재까지 차로 가서 노고단도 올라보시고."

참 바보스럽다는 생각을 하며 그런 보름이를 힐끔 쳐다보는데 놀랍게도 넉넉하고 든든한 모습이었다.

보름이 카페는 잘될 턱이 없었다.

읍내에서 넘어오는 고갯마루에 홍보현수막 하나 붙이래도 흘려들었고, 하다못해 마을 입구에라도 눈에 띄게 표식을 하면 좋겠다고 해도 빙긋 웃고 말았다. 기껏 지리산 둘레길 마을을 지나는 들머리에 합판조각으로 만든 안내판 두 개가 전부였다.

둘레길 손님이 들면 얼마나 들겠는가. 지리산 둘레길도 전과 같지 않아 여행자가 많이 줄었다. 산악회에서 관광버스 타고 와 줄지어 걷던 시절이 있었지만 요즘은 걷는 여행을 즐기는 사람들이 드문드문 지나갈 뿐이었다. 어쩌다 텔레비전 연예프로그램에 지리산 둘레길이 소개되면 서너 주 반짝 여행자가 늘기도 하지만 그게 자주 있는 일도 아니었다.

툭 던진 말, 이 산골에 누가 찾아온다고

"아버지, 이 타르트 맛 좀 보시고 평가해주세요."

밭일을 하고 돌아오는 나를 보름이가 카페로 불러들였다. 카페엔 아내도 자리 잡고 앉아 무엇인가 낯선 음식을 앞에 놓고 있었다.

"이게 뭔데?"

"타르트요, 타르트. 새카만 이것은 오디타르트고 빨간 것은 산딸기타르트예요. 제가 만들었어요."

"타르트는 또 뭐야?"

"봐라. 아버지가 저렇다. 날 데리고 카페 같은 데 한번 가본 적이 있어야지."

순대국밥이나 선술집 들락거리느라 워낙 이런 음식은 대하지 못하며 살았다. 나는 타르트 앞에서 멀뚱거렸다. 아내는 눈을 흘기며 빈정거렸고, 보름이는 손으로 입을 가리며 웃었다.

"우리 카페에서 팔아보려고 만든 거예요. 일단 맛을 봐주세요."

타르트라는 것이 예쁘고 앙증맞은 모습으로 내 앞에 놓였다. 포크를 집어 들고 한 조각 입에 넣는데 아, 세상에 이런 맛도 있구나 싶었다. 우걱우걱 두 개를 단숨에 먹어치웠다.

"어때요? 맛이?"

"좋다! 좋아! 그런데 누가 먹으러 오냐? 여기까지?"

이 대목에 이르면 아내나 보름이도 말문을 닫았다.

참 한심한 시아비였을 것이었다. 열심히 정성껏 만든 새로운 음식 앞에서 한다는 말이 이러하니 맥이 탁 풀릴 것이었다.

위로와 격려와 찬사의 마음

이런 시아비와 함께 여섯 해를 살았다. 카페에 손님이 많이 들기를 바라는 욕심쟁이 시아비를 보면서 여섯 해를 살았다. 정성을 다해 만든 음식을 어떻게든 팔아야 한다고 생각하는 시아비와 여섯 해를 살았다. 입만 벙긋하면 '손님은 좀 있었냐?'는 말을 내뱉는 시아비와 여섯 해를 살아주었다.

밭일을 하다가도 건너편 둘레길에 여행자가 지나갈라치면 밭두렁에 쪼그려 앉아 그들이 카페에 들어가기를 바라는 마음으로 뒷모습을 바라보았다. 그들이 멀리 카페 앞에 이르러 그냥 지나치면 한정 없이 서운했고, 카페 문을 열고 들어가는 것이 보이면 다행이다 싶었다. 문 앞에서 서성거리면 얼른 들어가주기를 바라는 간절함이 있었다.

이 마음이 어찌 욕심에서 비롯되었겠는가.

열심히 살고, 선하게 살고, 마음 넉넉하게 살고 있는 보름이에게 시아비가 보내는 보상의 마음이겠지. 정성껏 음식을 만들고, 편안하게 손님을 맞이하는 보름이에게 시아비가 보내는 응원의 마음이겠지. 불편한 내색도 없이, 불안해하지 않으면서 여기까지 와준 보름이에게 시아비가 보내는 위로와 격려와 찬사의 마음이겠지.

그렇다.

우리와 함께 살아준 지난 여섯 해를 돌아보면 보름이에게 보내는 이 마음이 결코 집착이나 욕심은 아니라는 생각을 한다. 이것도 많이 모자라다는 생각을 한다.

요즘에
시는
좀 쓰냐

아랫집 아들 내외가 사는 집에서 큰 목소리가 났다. 다투는 모양이었다. 같이 모여 저녁밥 먹고 내려갈 때까지 별일이 없었는데 무슨 일일까.

덜컥 겁이 났다. 함께 살면서 이런저런 일로 한번 다투기 시작하면 갈수록 잦아진다는 것을 알기 때문이다. 게다가 분위기가 썰렁해지면 보름이 대하기가 얼마나 어색하고 미안스럽겠는가.

나보다는 아내가 걱정이 더한 것 같았다.

"무슨 일로 저런대. 밥 잘 먹고."

"못들은 체 하세요. 살다보면 다투기도 하는 거지 뭐."

말은 그렇게 해도 아내는 안절부절했다.

지난 여섯 해를 함께 살면서 저렇게 다투는 것을 본 적이 없었다. 다툴 만한 일이 생기지도 않았다. 삶의 공간은 좁았고 관계는 단순했으므로 얽히고설킬 일이 별로 없는 생활이었다. 아들은 가족 앞에 헌신적이었고, 보름이는 깎아놓은 배처럼 살가웠으니까.

내 아들에 대한 아버지의 기대

아들은 나를 닮지 않았다. 외모도 그렇고 성정도 그렇다.

내가 살아왔던 것과는 달리 아들은 매사에 가족을 우선으로 여겼다. 가족을 위한 일이라면 만사 젖혀놓고 앞장섰다. 서하 기저귀 갈고 씻기는 일도 도맡다시피 했다. 밥을 챙겨 먹일 때는 정말 꼼꼼했다. 생선 살 바를 때나 뜨거운 국물 식힐 때의 모습은 보편적인 자상함을 넘어섰다.

그렇게 아버지가 되고 지아비가 되어가는 과정을 곁에서 지켜보는 아내는 언제나 흐뭇한 표정이었다. 나와는 달리 제 식구를 챙기는 그런 모습을 퍽 대견스럽게 여겼다. 따뜻하게 보내는 관심도, 포근한 보살핌도 받아보지 못한 채 홀로 아들을 키운 아내였다.

　나는 여전히 다른 생각이었다. 저렇게 가족에게 매여 있는 듯
한 아들이 썩 마음에 들지 않았다. 더 큰일이 있을 거라는 생각
이었다. 더 중요한 일을 해야 한다는 생각이었다. '내 아들은 그
래야 한다'는 생각을 하고 있었다.

　아이를 안고 정성껏 밥을 먹이고, 아이와 장난치며 노닥거려
야 할 인생이 아니라는 생각이었다. 그렇게 허비하는 시간이 안
타까웠다. 서른일곱, 아직 더 큰일을 하기에 늦지 않은 나이라는
생각이었다. 그런 일을 찾아주었으면 하는 바람이 있었다. 보다
더 굵은 삶을 살아주었으면 하는 욕심이 있었다.

　나는 아들이 마음에 들지 않았다. 주변 사람들은 아들 잘 키웠
다느니 사람답게 산다느니 해쌓지만 아들만 생각하면 한심하다
는 생각에 속으로 혀를 끌끌 차야 했다. 왜 저렇게 사나 싶었다.

　고등학생이던 때 아들은 전국 백일장을 휩쓸고 다녔다. 어느
대회든 나가기만 하면 상을 받아왔다. 대학에서 개최하든 기관
이나 단체에서 개최하든 가리지 않았다. 오죽 상을 많이 받아왔
으면 고등학교 졸업식장에서 재학생으론 이례적으로 공로상을
받았을까.

　내가 봐도 아들은 시를 참 잘 썼다. 주제도 좋았고 비유도 남

달랐다. 읽고 나면 감동과 여운이 남았다. 꽤 괜찮은 시인이 될 거란 믿음을 주었다. 서울에 있는 대학교 문예창작과에 입학할 때까지 우리의 기대는 컸다. 새내기 때 정지용문학상 백일장에 나가 입상하여 상금까지 받아왔을 때는 그런 꿈이 다 이뤄진 것처럼 기뻤다.

대학을 마치고 내로라하는 출판사에 취직을 했다. 우리의 꿈이 무르익어갔다. 그러던 어느 날 월급쟁이로 살던 아들은 별안간 짐을 싸들고 이곳 산골로 와버렸다. 가슴이 덜컥 내려앉았다. 어떻게든 도시에서 살아주었으면 하는 우리의 희망과는 달리 아들의 선택은 단호했다. 무슨 일에 절망하여 서울을 버렸는지 우리는 알지 못했다.

아들이 좋은 시인이 되기를

"요즘 시는 좀 쓰냐?"

함께 살면서 아들에게 가끔 이런 말을 던졌다.

말없이 힐끔 돌아보는데 그 눈빛에 불쾌함이 잔뜩 묻어 있는 것이 보였다. 시를 쓰는 것은 이미 포기한 듯했다. 그런 생각이 들 때마다 내 가슴도 무너지는 것을 느꼈다. 좋은 시인이 되었으면 하는 내 꿈이 무너지는 것 같아서였을 것이다.

희망을 잃어버린 삶은 얼마나 누추한가. 회원 삼백 명도 안 되는 산골의 조그만 환경단체 사무실로 출근하는 뒷모습이 많이 가여워보였다. 초라해보였다. 할 일을 잃어버린 헛헛한 모습으로 보였다. 소슬바람에도 푸스스 흩어져버릴 것 같은 모습이었다.

"너도 가장인데 앞으로 어떻게 살 것인지 신경도 좀 써라."

"환경단체 일도 언제까지나 할 수 있는 것도 아닐 것이고, 다른 일도 미리 알아봐둬야지."

아내도 아들의 미래를 걱정하고 있었다. 그럴 때마다 아들은 듣는 둥 마는 둥 하는 모습이었다. 내가 들어도 마음 무겁게 하는 잔소리로 여겼을 거였다.

함께 살면서 서로 돕고 나누니 이렇게나마 살아간다는 것을 아내는 알고 있었다. 나이를 더 먹어 힘에 부쳐 민박도 접고, 무엇도 해줄 수 없을 때를 걱정하고 있었다. 남루한 살림살이로 만만치 않은 세상을 건너온 어머니의 걱정이었다.

나도 그런 걱정을 했었다.

직업에 귀천이 없다지만 가치 있는 일을 해야 한다고 일러왔었다. 지금 하고 있는 환경운동은 세상에서 가장 좋은 일이라고 추켜세웠었다. 재물과 권력이 행복을 담보하는 것은 아니라는 말도 종종 했었다. 또래 젊은이들의 성공담을 들으면서도 아들이 하는 일을 응원했었다.

결혼하고 가정을 꾸린 아들을 보면서 내 생각이 달라지는 것을 느꼈다. 앞날을 생각하면 걱정이 쌓였다. 좀 더 많은 월급을 받았으면 좋겠다는 생각이 들었다. 환경단체에서 일한 뒤에도 그에 맞는 마땅한 일자리가 있었으면 좋겠다는 생각이 들었다.

그러나 여기는 산골이었다. 환경단체에 더 이상 회원이 늘거나 기부금이 늘어날 이유가 없었다. 가치가 있고 없고를 떠나 할 만한 일거리조차 빈한한 산골이었다. 아들이 지금 하는 일을 그만두게 되면 인월 식품공장에 취직을 하거나, 산불감시원에 추첨되거나 하는 일뿐이었다. 운이 좋으면 국립공원관리사무소에 열 달 기간제로 들어가는 거겠지.

가족이 함께 모여 앉으면 한없는 행복감에 젖다가도 문득문득 가슴에 쿵 하고 무엇인가 무거운 것이 떨어지는 것을 느낀다. 돌을 삼킨 것처럼 갑갑하다가도 서하의 재롱과 보름이의 사근사근함에 다 씻겨 내린다.

속으로는 채찍질을 하고 있겠지

아랫집은 고요해졌다. 무슨 일로 다투었는지 대략 짐작이 갔다. 저녁밥 먹을 때 서하가 짜증을 냈는데 소화불량처럼 보였다. 그 때문이었을 거였다.

자식을 사랑하고 애지중지 여기는 서로의 무게 차이에서 비롯된 것일 테지.

"낼 아침에는 괜찮겠지?"

"그럼. 아직 젊은데 무슨 가슴에 쌓일 게 있을라고."

"그나저나 시라도 좀 써서 보름이 앞에 가오도 세워보고 그러지."

"그러게. 당신이 세게 말 좀 해봐요. 시를 써보라고."

그런다고 될 일이 아니라는 것을 나는 안다.

세상에 널린 시인들, 시인이라는 칭호를 앞세워 이런저런 일로 먹고살아가는 구차한 모습을 보아온 아들이었다. 시인이라는 칭호가 별로 자랑스럽거나 명예로울 것이 못 된다는 사실을 아들은 이미 알아버렸다. 수많은 사람들이 시인이랍시고 시집을 쏟아내지만 시가 세상의 빛과 소금이 될 수 없는 시대라는 사실을 알고 있었다.

세상을 울리는 시를 쓰지 못하는 자신에게 얼마나 채찍질을

해대는지 모르겠으나, 허접한 말과 글 앞세워 폼 잡으며 살 녀석
이 아니었다.

그 지점에 이르자 아들이 나와 많이 닮았다는 생각이 들었다.
나였어도 아들처럼 살지 않았을까 하고 생각하니 쓴웃음이 났다.
잠시 눈길이 머무는 서가 아래 아들이 오래전에 받아온 상장
이 쌓여 있는 것이 보였다.
내일은 저 상장더미를 꺼내 뽀얗게 쌓인 먼지를 좀 털어내야
겠다는 생각을 한다.

제 4 장

새가 되어
날아간
바둑이

이렇게 하루를
또
보내었다

05:13

뒤척이다 눈을 떴다. 매일 이 시각이면 눈을 뜬다. 아내는 밤 11
시에 방영하는 〈미스티〉라는 드라마에 빠져 다음 날은 영락없이
늦잠이다. 기지개를 켜는데 온몸이 뻑적지근하다. 어제 땔감 나
무를 하느라 몸을 많이 썼었다.

　컴퓨터를 켰다. 이런저런 매체를 드나들며 세상사를 엿본다.
민박 예약 현황을 확인한다. 방바닥이 서늘하다. 밖으로 나가 화
목보일러에 나무를 넣어주고 온도를 맞췄다.

잠시 서서 새벽하늘을 바라보았다. 보름을 갓 넘긴 달이 서산으로 기운다. 새벽인데도 그다지 춥지 않다. 봄이다. 인기척에 뒷마당 거위 덤벙이가 낮은 소리로 꾸룩거린다.

07:08

아내는 방바닥을 뒹굴뒹굴하고, 바둑이와 고미, 행운이, 꽃분이는 아내를 피해 이리저리 몸을 옮기며 졸린 눈을 뜨지 못한다. 겉옷을 입고 밖으로 나왔다, 날이 훤하게 밝았다.

뒷마당 닭장 문을 열어주었다. 두 마리 남은 닭이 날개를 푸득거리며 뛰어나오고 거위 덤벙이와 새데기가 예의 그 덤벙거리는 걸음걸이로 닭장 문턱을 넘는다. 늙은 닭은 두 마리가 이틀에 알을 하나 낳는다. 달걀이 턱없이 부족하다.

닭 열 마리를 가져오기로 한 간디 유정란 농장에서는 아직 소식이 없다. 빨리 갖다달라고 전화를 넣어야겠다는 생각을 한다. 간밤에 분 바람에 댓잎이 마당에 수북이 쌓였다. 마당을 쓸었다.

08:22

아들놈과 보름이가 서하를 데리고 올라왔다. 아내는 씨락된장국을 끓였다. 서하가 있어 반찬 챙기느라 아내도 끼니 차리기가 걱정되는 듯하다. 콩나물을 무치고 김을 구웠다. 콩나물은 서하가 제일 좋아하는 반찬이다. 한 숟갈 옹골지게 밥을 퍼먹는 서하를 보면서 아들 내외와 우리는 '우와~ 박수!' 하며 박수를 쳐준다. 그럴 때마다 저 어린 것이 활짝 웃는다.

다섯 식구의 아침 밥상이 정겹다. 가위 바위 보로 설거지 당번을 정하고 현관을 나오는데 우리 집 길냥이들이 떼로 모여 쳐다본다. 예삐, 회색이, 코점이, 아롱이와 다롱이, 백돌이, 억울이, 점박이, 까망이와 막둥이……. 사료 한 바가지 퍼 마당에 뿌려준다.

12:25

밭일을 하고 돌아왔다. 모진 추위를 견딘 마늘과 양파밭을 손질했다. 지난해 양지 쪽 양파 모종을 부었던 고랑에 모종이 제법 잘 자랐다. 얼어 죽어 빈 자리에 양파 모종을 옮겨 심었다.

따라온 고미와 꽃분이가 천방지축 밭을 홀싸다닌다. 맨 위쪽 밭에 심었던 시금치는 겨우내 고라니들이 다 뜯어먹고 뿌리만 남았다.

지난 여름 그물망 안으로 들어온 고라니 한 마리가 있었다. 이른 아침 꽃분이와 밭을 둘러보러 갔었다. 꽃분이와 마주친 고라니는 그물망을 벗어나지 못하고 이리저리 쫓겨다니다 물통에 빠져버렸다. 난생 처음 물통에 빠져 허우적거리는 야생 고라니를 두 팔로 안아서 들어내주었다. 그 고라니가 요즘도 밭을 기웃거리는지 빈 밭고랑마다 발자국이 어지럽게 찍혔다.

올 가을에는 시금치씨를 두어 고랑 더 뿌려야겠다는 생각을 한다. 내일은 낫을 벼려와 뒷두렁 마른 검불을 걷어내고 산돼지를 대비해 쳐둔 그물망을 점검해야겠다는 생각을 한다. 배가 고파온다.

13:43

졸음이 쏟아진다. 늘 그랬듯 이 시각이면 낮잠을 자곤 한다.

아내는 서울 갈 채비를 서두르고 있다. 저녁엔 아내가 아는 식당 주방장 면접도 보고, 내일 음식 모임도 있단다. 드러누운 채 잠에 취한 코맹맹이 소리로 배웅을 한다.

오후엔 비가 온다고 했는데 언제부터 오려나. 해야 할 비설거지가 많은데. 쌓아둔 땔감나무도 덮고, 말려둔 메주가루도 들여놔야 하는데. 비닐 가져가서 밭에 쟁여놓은 퇴비도 덮어야지.

깊은 잠은 들지 않고 엎치락뒤치락하다 벌떡 일어났다. 마당에 나서자 멀리 지리산 위로 두꺼운 구름장이 몰려오고 있었다.

16:12

간디 유정란 농장에서 닭이 왔다. 열 마리다. 상품성 떨어진 달걀을 생산하는 닭은 도축해서 육계로 내는데 이 닭들이 바로 그 닭이다. 내가 거두어주지 않으면 도축되어 팔려나갈 닭들이다. 이제 우리 식구가 되었다.

3년 전 이웃 농장에서 도축하러 실려 가는 닭 열 마리를 가져와 함께 살았는데 그동안 여덟 마리가 죽고, 두 마리만 남았다. 우리가 먹을 달걀이 부족해 열 마리를 더 넣은 것이다. 닭은 실하고 똘망똘망하다. 늙고 병들어 죽을 때까지 우리 집 뒷마당에서 살게 될 것이다. 모이를 뿌려주고 물그릇을 채웠다.

18:36

아들놈이 저녁밥 먹으러 내려오라고 한다. 소주도 한 병 챙겨오라고 한다. 보름이가 만들었다는 골뱅이메밀국수무침이 식탁 가운데 놓였다.

서하는 벌써부터 신났다. 유달리 국수를 좋아하는 서하는 벌써부터 한 움큼씩 먹기 시작했다.

"오늘은 카페에 손님이 좀 있었냐?"

"공치지는 않았어요."

"아부시, 마딩 수도는 고쳤냐."

"어제 다 고쳤다."

"서하 내일 문화센터 가는 날인데."

"비가 많이 오면 가지 마라."

"요거트 씨가 남아 있어서 다행이네."

"내일 느그 엄마 올 때 서하 딸기 좀 사오라 할까?"

도란도란 저녁식사 시간이 흘러가고 있다.

섬광이 번쩍이고 뇌성이 크게 울었다. 후두둑 비가 쏟아지기 시작했다. 가까이에 벼락이 떨어지고 있다. 텔레비전과 컴퓨터를 껐다.

꽃분이는 놀라 어찌할 바를 모른다. 바둑이는 자꾸만 내 겨드랑이를 파고들고, 고미도 깜짝깜짝 놀라며 눈을 동그랗게 뜬 채 엎드려 있다. 행운이는 고요하다. 행운이는 우리 집에 들어올 때부터 청각을 완전히 잃은 상태였다. 네 마리의 식구들이 내 팔다리에 기댄 채 요란한 밤을 보내고 있다.

불을 껐다. 먹물 같은 어둠이다. 잠시 지난 시절을 생각하다가 살아가야 할 앞날을 생각한다. 앞으로의 삶보다 지난날의 삶이 더 행복하게 남을 거라는 예감이 든다. 이처럼 욕심은 부지불식간에 일어난다. 오늘 그 수많은 행복한 순간들을 벌써 잊어버리다니.

꽃분이가
사라졌다

아랫집 뒤 구석진 곳에서 꽃분이가 드러누운 채 힘겹게 숨을 헐떡거리고 있었다. 눈은 반쯤 감겼고, 침을 질질 흘리고 있었다. 다리가 뻣뻣하게 굳어져가고 있었다. 아들놈이 차를 가져오고, 황급히 읍내 동물병원을 향했다.

꽃분이는 열흘쯤 전에 지난해처럼 또 다섯 마리의 새끼를 낳았다.

동물병원에 도착하자 원장이 때마침 자리에 있었다. 꽃분이의 증상이 처음 나타났을 때 동물병원에 전화를 했는데 마을 방역엘 나가서 오후 두 시는 되어야 돌아온다고 했다. 그래서 증상이 심해보이는데도 속절없이 기다려야 했다.

꽃분이는 심한 헛구역질을 했다. 우리는 날계란을 먹였다. 이후 꽃분이는 물을 많이 마셨고, 새끼들이 옹알대는 집 앞에 쓰러지듯 드러누웠다. 우리는 안절부절못하며 가쁜 숨을 몰아쉬는 꽃분이를 쳐다보고만 있었다.

잠시 자리를 비운 사이 꽃분이가 사라졌다. 집 안엔 새끼들 다섯 마리만 올망졸망 모여 있을 뿐이었다. 아내는 집 앞쪽으로 나는 뒤쪽 골목으로 찾아 나섰다.

아무리 불러도 기척이 없었다. 퍼뜩 언젠가 들었던 '동물은 죽을 때가 되면 집을 나간다'는 말이 떠올랐다. 마음이 급해졌다. 이웃 빈집들을 샅샅이 뒤졌다. 없었다. 앞 골목 모퉁이를 돌 때 컥컥대는 숨소리가 들렸다. 거기 꽃분이는 그렇게 죽음을 맞이하는 자세로 누워 있었다.

차를 타면서 동물병원에 '응급이니 지금 당장 연락해서 원장한테 오라고 전해 달라'는 전화를 했다. 꽃분이를 안고 가는 내내 '제발 살아라, 새끼를 두고 죽으면 안 된다'는 말을 귀에 들려주었다.

그러면서 또 하나 막막했던 것은 큰 병이면 어쩌나 하는 것이었다. 그래서 돈이 많이 들면 어쩌나 하는 현실적인 걱정이 가슴을 짓누르기도 했다. 참으로 미안했다.

"걱정하지 마세요. 아이들 키우느라 필수영양소를 소진해서 일어나는 현상입니다. 특히 칼슘이 부족하면 이런 증상이 나타납니다."

원장은 아주 가볍게 진단을 내렸다. 수액주사를 꽂고, 이런저런 영양물질을 투입하자 꽃분이는 거짓말처럼 멀쩡하게 일어서고 있었다. 그리고 얼마 후 나를 향해 꼬리를 살랑살랑 흔드는 것이었다. 아, 꽃분아.

죽어가면서도 새끼에게 섲을 물린 꽃분이

꽃분이가 이런 증상을 보이기 시작한 때는 벌써 일주일쯤 전이었다. 이유 없이 집을 들락날락하였고, 바깥에 걸어둔 가마솥 아궁이로 기어들어가 재를 긁어내기도 하면서 온몸에 검댕이 묻어 검정개로 보일 정도였다.

그래도 우리는 날씨가 더워서 그렇겠거니 했다. 고기를 조금 더 삶아주었고, 집 앞에 우산을 펼쳐 그늘막을 쳐주었을 뿐이었다. 꽃분이는 자신의 몸에서 필수영양물질이 고갈되어 간다는 사실을 알고 있었다.

그처럼 자신이 죽을 수도 있다는 것을 알면서도 몸이 그렇게

될 때까지 젖을 물린 꽃분이였다. 주사바늘이 달린 다리가 아프
련만 꽃분이는 입원실 유리창에서 눈을 떼지 못하고 있었다. 어
디에 있을지 모를 새끼들을 찾아야 한다는 간절함에 꽃분이는
비좁은 입원실에서 바쁜 발돋움질을 하고 있었다.

"칼슘 보충을 해주어야 합니다. 마른 멸치나 북엇국 같은 것을
자주 먹이면 좋습니다."

의사의 처방에 산모용 사료 한 봉지 사들고 동물병원을 나섰
다. 기운을 차린 꽃분이는 집으로 돌아오는 내내 내 가슴에 얼굴
을 기대고 있었다. 미안했다. 이런 기본적인 지식도 모르면서 가
족이라 여기며 함께 살았으니 나는 참으로 한심한 반려자였다.

새롭게 만나 정든 저 생명들

이 산골에 살면서 함께하는 가족들이 많이 생겼다. 지금 열일곱
나이가 된 바둑이, 나이도 모를 떠돌이 행운이와 그의 새끼 고미
가 있다. 그리고 아래 아들 내외가 사는 집엔 몸집이 커다란 이랑
이와 두렁이, 몸집이 강아지만 한 고양이 무아, 쩜이, 뚝이가 집
을 차지하고 있다. 뒷마당엔 늙어 죽을 때까지 우리와 함께 살아
갈 닭 열 마리, 거위 덤벙이와 새데기가 가족을 이루고 있다. 그

리고 마당엔 서른 마리의 길고양이가 자유자재로 드나들고 있다.

가끔은 민박 손님으로 왔다가 수많은 동물들 때문에 뒷머리 긁적이며 집을 옮기는 손님들도 있지만 또한 가끔은 민박을 오면서 동물들 간식을 챙겨오는 손님들도 있으니 결코 천덕꾸러기는 아니었다.

마당의 황녀 예삐는 우리 집 길고양이들 중에서 가장 늙었음에도 올해 또 보일러실 앞 사과박스에 두 마리의 새끼를 낳았다. 노랭이와 까칠이가 엊그제부터 보이지 않는 걸로 봐서 또 어딘가에 새끼를 낳았을 것이다. 내일은 읍내 마트에서 싸구려 꽁치통조림이라도 서너 개 사와야겠다는 생각을 한다

꽃분이는 그동안 새끼들에게 다하지 못한 정을 쏟느라 집에서 나오질 않는다. 삶아준 마른 멸치는 국물까지 다 먹었고, 산모용 사료도 빈 그릇만 남았다. 사경을 헤매다 온 어미의 몸뚱이는 아랑곳없이 다섯 마리의 새끼들은 투실투실한 몸을 버둥거리며 필사적으로 젖을 빤다.

쪼그려 앉아 집 안을 가만히 들여다보는데 문득 어린아이를 해코지한 텔레비전 뉴스가 떠오른다. 아이를 굶긴 어버이의 모습이 떠오르고, 아이를 폭행한 어버이의 모습이 떠오르고, 아이를 버린 어버이의 모습이 떠오른다.

몹쓸 세상, 몹쓸 사람들을 조롱하듯 꽃분이는 그동안 어미로써 다섯 마리의 새끼들을 먹이고 핥아주느라 혼신을 다한다.

여기 산골에 들어와 살면서 많은 세상 사람들과는 헤어졌고 잊혔지만 다시 새롭게 만나고 정든 저들이 있으니 결코 외롭지만은 않은 삶이라는 생각을 한다. 당신이 마당을 가진 집에서 산다면 담 너머 다른 세상 속의 생명들도 살펴보며 살았으면 좋겠다는 생각을 한다.

수탉이 우는
새벽이
있다는 것은

올해 여름엔 귀퉁이방에 민박 손님이 들 때면 마음을 졸여야 했다. 유난히 더운 날씨로 들창을 개봉하면서부터였다. 귀퉁이방은 들창이 하나 있는데, 들창 밖이 화목보일러실인 데다 장작더미가 쌓여 있어 창을 밀봉해두었다. 그 들창을 무더위가 걷어낸 것이다. 막아두었던 합판을 뜯어내고 모기장을 발랐는데 방이 한결 시원해졌다.

"아버지. 저 닭들 죽으면 이제 앞으로 닭은 안 키우면 좋겠어요."

들창을 개봉하고 며칠 지나지 않아 보름이가 걱정스런 목소리로 말했다.

"아니, 왜?"

"민박 손님들이 얼마나 괴롭겠어요."

정말 그렇겠다 싶어 정신이 번쩍 들었다. 문제는 닭이었다. 들창 밖 화목보일러 뒤편에 닭장이 있다. 여덟 마리의 닭이 옹기종기 모여 살아가는 매우 평화로운 공간이 있다. 문제는 수탉 한 마리였다. 그 수탉은 새벽 네 시면 어김없이 울었다.

별자리도 변하고, 낮과 밤의 길이도 달라지는데 저 닭은 매일매일 그 시각에 울었다. 귀퉁이방 들창과 닭장이 직통으로 연결되어 있으니 머리맡에서 우는 거나 다름없었다. 귀퉁이방 손님은 더위 때문에 저녁잠 설치고, 닭 때문에 새벽잠을 설쳐야 했다.

시도 때도 없이 수탉이 울어댔다

'아버지. 저 닭 좀 쫓아주세요.'

올해 여름에 나는 보름이로부터 날아든 이런 문자를 시도 때도 없이 받았다. 뒷마당에 망을 쳐두었건만 이제 닭들은 망을 넘어 온 집 안을 싸돌아다녔다. 그러다 자리 잡고 쉬는 곳이 하필이면 아들 내외가 사는 집 창문 너머였다. 세 살배기 손녀가 낮잠을 자는 시각이 닭들도 창문 너머에서 모여 쉬는 시각이었다. 수탉은 그 시각에도 홰를 치며 크게 울어댔다.

매일 오후 두 시쯤이면 이웃집 평상에서 놀다 닭을 쫓아달라는 문자를 받았고, 나는 헐레벌떡 집으로 달려가 닭을 망 안쪽으로 몰아들여야 했다. 이래저래 닭이 문제였다. 꽃밭 헤집고 다녀 아내에게 핀잔받고, 마당 여기저기에 똥을 누고 다녀 나에게도 핍박받으니 저게 제명대로 살까 싶었다.

하루는 깊은 낮잠에 빠졌는데 귀가 얼얼하도록 수탉 우는 소리가 요동을 쳤다. 닭이 방 안까지 들어왔나 싶어 화들짝 놀라 일어났는데, 바로 창 밖 돌담 턱받이에서 목을 빼고 우는 것이었다. 누워서도 빤히 눈이 마주칠 정도였다. 닭은 이제 안채와 돌담 사이 비좁은 통로까지 점령해버린 것이었다. 창을 열면 손에 잡힐 듯한 거린데도 수탉은 그 볼썽사나운 눈알만 껌벅거리며 멀뚱멀뚱 쳐다볼 뿐 옮겨갈 생각도 없는 듯했다.

암탉 일곱 마리가 하루에 달걀 서너 개를 낳는데, 아쉬운 대로 달걀 자급은 되지만 들이는 공에 비해 턱없이 모자라는 경제성이었다. 닭장 주변에 내 그림자라도 얼른거리면 닭은 기다렸다는 듯이 쪼르르 떼로 달려 나와 꾸룩거렸다. 그때마다 한 바가지씩 먹이 퍼주고, 밭에 나갔다 돌아올 때면 풀 뜯어다주고, 시도 때도 없이 물 갈아주는 일만 해도 힘에 겨웠다.

물그릇이 얼어붙는 겨울이면 닭을 기르는 일은 고역이었다. 꽁꽁 언 물그릇에 뜨거운 물 부어 녹이고 미적지근한 물을 넣어 줘도 한 시간도 채 되지 않아 다시 얼어버렸다. 하루에 두어 번 물그릇 녹이고 미적지근한 물 채워줘야 하는 겨울엔 달걀도 별로 낳지 않아 내가 왜 이런 일을 해야 하나 싶었다.

향수를 몰고 오는 아름다운 소리

그렇다고 정말 닭이 그처럼 무지막지하게 나쁘거나 귀찮은 존재만은 아니었다. 장마가 끝나고 닭장 앞 켜켜이 쌓인 닭똥과 톱밥을 긁어 부대자루에 담았는데 자그마치 열여덟 자루가 나왔다. 그것만으로도 김장채소 퇴비로 넉넉할 터였다.

어디 그뿐인가. 대밭이 있고, 돌담이 있는 시골집은 어디나 할 것 없이 지네로 골머리를 앓아야 한다. 우리도 마찬가지였다. 마당가 버려진 종이상자 하나만 들춰도 거기에 지네가 기어다녔다. 자다 말고 천장을 기어가는 지네에 놀라 자지러지기도 했고, 밥을 먹다 밥상다리 아래를 지나가는 지네에 놀라 밥그릇을 엎었던 적도 있었다. 어느 핸가 아들놈은 자다 지네에게 입술을 물려 퉁퉁 부은 적도 있었으니 지네와 함께 산다는 말이 과한 것도 아니었다.

닭과 지네는 상극이라. 닭을 키우고부터 그 무시무시한 지네가 감쪽같이 사라져버렸다. 집과 대밭 사이, 뒷마당과 집과 돌담 사이 비좁은 통로를 닭이 점령하면서부터 지네는 씨가 말라버렸다. 닭은 하루 종일 그 공간을 오가며 땅을 헤집고 꼬물거리는 모든 것을 집어삼켰다. 올해 우리 집에 나타난 지네는 단 한 마리도 없었다.

새벽 네 시, 닭이 울면 나도 눈을 뜬다. 잠시 마당에 나가 앵두나무 아래 오줌을 누고, 새벽바람을 쐬고, 하늘 속 별들을 보고, 솔부엉이 우는 소리와 풀벌레 소리를 듣고, 들어와 누우면 닭은 그 큰 소리로 계속 울어댔다. 닭이 울 때마다 귀퉁이방에 든 손님 걱정이었다.

"아이구, 새벽에 닭 때문에 잠을 많이 설쳤지요?"

이후 귀퉁이방 손님께 건네는 아침인사는 이랬다. 잠을 설쳐 불쾌해하지나 않는지 눈치를 봐가면서 조심스레 반응을 살피는 일이 괴로운 아침이었다.

"앗따, 장닭 우는 소리 참 크더만요. 그래도 좋았습니다. 가까이서 새벽닭 우는 소리도 듣고. 언제 이런 소리 들어보기나 하겠습니까."

그러나 우리의 우려와는 달리 대개 이런 정도의 반응이었다.

따지고 보면 우리도 우리 집에서 닭을 키우기 전에는 새벽에 닭 우는 소리를 들은 기억이 없었다. 요즘은 시골집이라고 다 닭을 키우는 것도 아니고, 알도 안 낳는 수탉을 키울 이유도 없어서였다. 우리 마을에 닭을 몇 마리씩 키우는 집이 두어 곳 있는데 다들 수탉은 키우지 않았다. 우리 마을을 새벽닭이 우는 마을로 만들어주는 것도 바로 저 수탉이 있어서였다.

왜 우리는 저 닭의 울음소리를 시끄러울 것이라고만 생각했을까. 동이 훤히 터올 무렵 골목을 지나가는 경운기의 굉음도 시끄럽다고 느끼지 않으면서, 마을을 드나드는 고물장수 생선장수들의 쩌렁쩌렁한 확성기 소리에는 무감각하면서, 텔레비전을 켜두고 잠들기 일쑤면서, 집 안을 울리며 웅웅거리는 낡은 냉장고 소리도 일상으로 듣고 살면서 어찌 저 닭의 울음소리에는 예민했을까.

길게 홰를 치며 새벽을 알리는 저 소리는 얼마나 역동적인가. 도회지의 온갖 소음에 막힌 귀를 시원하게 열어준 소리는 아니었을까. 향수를 몰고 온 아름다운 소리는 아니었을까. 그간 잊고 살았던 그 무엇을 되찾아준 그런 고마운 소리는 아니었을까.

모든 자연의 소리는 아름답다

그래, 모든 자연의 소리는 싱그러운 것이다. 무논에서 들려오는 맹꽁이 무당개구리 참개구리들의 합창, 꽃밭을 울리는 벌떼 닝 닝거리는 소리, 미루나무 가지를 뒤흔드는 왕매미 털매미 애매 미 노랫소리, 귓전을 간지럽히는 풀무치 여치 귀뚜라미 소리, 눈 쌓인 숲속 산벚나무 소나무 오리나무 삭정이 부러지는 소리.

쪼륵 쪼륵 쪼르륵 개울물 흐르는 소리, 쉬이 쉬이 쉬이잉 대숲 을 빠져나오는 바람소리, 똑 똑 또독 또도독 낙숫물 떨어지는 소 리, 쩌엉 쩡 쩌어엉 겨울 강 얼음 갈라지는 소리, 우릉 우르르릉 우르릉 소나기 속 울리는 천둥소리, 철썩 철썩 좌르르르 파도에 휩쓸려 몽돌 구르는 소리, 꿈길 따라 다가오는 그대 발자국 소리.

그래, 모든 살아있는 것들의 소리는 아름다운 것이다. 생선 사 려, 사과 사려, 칼 갈아요, 대목장 왁자한 소리는 아름답다. 대 장간 풀무질하는 소리는 아름답다. 아궁이에 콩깍지 태우는 소 리는 아름답다. 담 너머 빈집 드나드는 쥐 울음소리는 아름답다. 바샌댁 조 수수 콩 키질하는 소리는 아름답다. 집배원이 지나가는 오토바이 소리는 아름답다. 도시에 사는 자식들과 전화하는 소리는 아름답다. 이웃집 노인네 새벽 요강 끌어당기는 소리는 아름답다.

이 세상에 화를 내고 악다구니를 내지르는 사람의 소리, 나무라고 겁박하는 사람의 소리보다 못한 소리가 무엇 있겠는가. 그런 소리 속을 살아온 삶, 내 삶의 흔적 속에 깊이 각인된 그 소리를 이젠 지워버려야겠다.

겨울이 가고 봄이 오면 나는 또 도축장으로 끌려갈 2년생 닭 열 마리를 들여올 것이다. 수탉이 우는 새벽을 결코 잃지 않을 것이다.

이 세상에
꽃이
피는 이유

"그게 뭡니까?"

마실을 나가는데 이웃집 돌담 안에서 남자 어른 둘이 쪼그려 앉아 무슨 일인가를 열심히 하고 있었다.

"고라니가 한 마리 걸렸네. 허허."

골목 끝 박샌이 피 묻은 칼을 든 채 뒤돌아보며 의기양양하게 말했다. 가죽이 벗겨진 채로 큰 다라에 담긴 고깃덩이가 어깨 너머로 보였다.

"이 놈 이거 가는골 콩밭의 콩잎 다 뜯어먹은 놈이라."

그의 아내가 빈 물바가지를 고깃덩이가 담긴 다라를 향해 흔들어댔다. 속이 후련하다는 투의 목소리가 귀에 거슬렸다. 올무에 걸려 버둥거리는 고라니의 모습이 떠올라 얼른 자리를 뜨는데 박샌이 히죽거리며 말을 던졌다.

"이따가 한잔 하러 와."

올무에 걸린 고라니를 품으며

이 산골에 들어와 살기 시작하고 세 해쯤 지났을 때였다. 저녁밥을 먹고 밖으로 나오니 건너편 산자락에서 고라니 울부짖는 소리가 크게 들렸다. 가만히 들어보니 울음소리가 예사롭지 않았다. 짝을 찾아다니는 고라니 울음소리는 이리저리 옮겨 다니며 일정한 간격을 두고 우는데 한곳에서 숨 가쁘게 울부짖는 것이었다.

마음이 다급해졌다. 철사 자를 연장과 빈 부대를 챙겨 아들녀석과 함께 소리 나는 산자락으로 다가갔다. 먹물 같은 어둠이었다. 손전등이 만드는 한줄기 빛 속에 드러나는 밭두렁을 따라 산자락에 도착하자 소리가 멈췄다. 빈 나뭇가지 사이를 이리저리 비추는데 손전등 불빛이 반사되어 돌아오는 곳에 두 개의 눈동자가 보였다.

고라니는 왼쪽 목에서 오른쪽 겨드랑이가 올무에 걸린 채 반쯤은 드러누워 있었다. 비탈진 잡목 숲을 기어올랐다. 아들녀석이 고라니에게 다가가 머리를 부대에 씌웠다. 고라니는 앞이 보이지 않으면 꼼짝하지 않고 가만히 있는다는 말을 들었었다.

나는 연장으로 철사를 끊었다. 철사는 질겼다. 이리 비틀고 저리 꺾으며 몇 번을 흔들어서야 철사가 끊겼다. 가만히 고라니를 안고 비탈을 내려서 평평한 곳에 내려놓고 부대를 벗겼다. 순간 고라니는 어리둥절 고개를 몇 번인가 주억거리더니 위쪽 빈 밭으로 줄행랑을 놓았다. 난생 처음 야생동물을 품에 안아본 순간이었다.

"아버지, 오늘도 봤어요. 꽃분이 새끼."

읍내를 다녀온 보름이가 미간을 찌푸렸다.

"그걸 어째……"

나는 할 말을 잃었다.

"우리가 다시 데려오면 안 돼요? 읍내 갈 때마다 보여서 속상해요."

"너그 어머니도 그러더라마는 어찌할 도리가 있냐."

나도 속이 상했다.

지난 봄 꽃분이는 다섯 마리의 아가를 낳았다. 세 해 연속 다섯 마리씩을 낳아 붙여준 칭호가 '다산의 여왕'이었다. 젖을 떼기 시작하면서 분양이 문젯거리였다. 다행히도 세 마리는 잘 아는 좋은 곳으로 갔다. 남은 두 마리가 문제였다.

분양에 골머리를 앓고 있을 때 이웃 마을에 귀농한 지인이 한 곳을 소개해주었다. 동물을 잘 키워주는 곳이라고 했다. 알아보니 우리 마을에서 읍내로 가는 고개 너머 길가에 있는 집이었다. 사료도 한 포 사 싣고, 두 마리를 데려갔다. 느낌이 좋지 않았다. 여기저기 철망으로 만들어진 우리가 보였다. 그래도 잘 키워주겠거니 하며 두 마리를 맡겼다.

철창에 갇힌 꽃분이 새끼 구출작전

그리고 며칠 뒤 읍내로 가는 길, 그 집 앞을 지나다 꽃분이 새끼를 보았다. 집 앞 차도 건너편 밭두렁 아래 철망으로 만든 우리가 있는데 거기 갇혀 있는 거였다. 가로 세로 높이 일 미터도 안될 철망 우리였다. 똥이 잘 빠지라고 땅에서 서너 뼘은 높게 설치되어 있었다. 읍내 오갈 때마다 그 안타까운 모습을 보아야 했다. 우리 가족은 그 모습을 보면서 얼마나 속상해했는지 모른다.

가을이 다 지나갈 즈음 기회가 찾아왔다. 강아지를 찾는 사람이 나타났다. 마당이 있는 집에서 목줄 없이 함께 살아줄 사람이었다. 소개해준 그 지인에게 부탁을 하고, 꽃분이 새끼를 철창 안에 키우던 그 집에도 우리의 의사가 전달되고, 마침내 와서 가져가라는 말을 전해 듣고, 우리는 그 꽃분이 새끼를 철창으로부터 탈출시키는 데 성공했다.

다시 우리 집 마당으로 돌아온 녀석은 살이 투실투실 쪄 있었다. 좁은 철창에 갇혀 오직 먹고 싸는 일이 전부였으니 당연한 결과였다. 처음 마당에 내려놓았을 때 녀석은 잘 걷지도 못했다. 다음 날은 다리를 절룩거리기까지 했다. 넉 달 만에 처음으로 땅을 되짚은 터였다. 꽃분이가 킁킁거리며 다가가자 알아보기라도 하는 듯 이내 반갑게 달려들기도 했다.

그날 우리 가족은 녀석의 이름을 '똘똘이'로 지어주었다.

마을 맨 윗집, 홀로 남은 노인네가 요양원으로 떠나자 강아지만 홀로 외로이 남았다. 멀리 언덕배기에 새 집을 짓고 사는 그 집 며느리가 닭장에 달걀 챙기러 드나들면서 닭 모이와 강아지 사료를 주곤 했다. 내가 가끔 먹을 것을 챙겨 강아지를 찾아가면 물그릇은 비었기 일쑤였다. 집 앞 개울물로 물그릇을 챙겨주는 일은 어느새 나의 몫이 되어버렸다.

아랫말로 가는 길가 고사리밭에 조그만 개집이 하나 놓였고,

거기 자그마한 강아지 한 마리가 묶여 있었다. 지난해 집을 새로 짓는다며 그 고사리밭으로 데려와 묶어둔 터였다. 집을 다 지어 들어갔건만 그 강아지는 거기 그대로 있었다. 지난해 겨울 그 혹독한 추위와 폭설 속에서 바람에 날아가버릴 듯한 플라스틱 집에 의지해 살았다. 내가 안 입는 두툼한 옷을 챙겨 바닥에 깔아 주러 갔을 때 나를 쳐다보던 그 강아지의 눈빛이 한동안 잊히지 않았다. 며칠 전 그 고사리밭에서 그 강아지는 집과 함께 사라져버렸다.

무정한 세상에 꽃이 핀들

이 산골에서 나는 많은 것에 실망하며 살았다. 그중 하나가 동물을 대하는 이웃들의 태도였다. 생명에 대한 애정이라고는 찾아볼 수 없었다. 야생동물에 대해서는 증오에 차 있었고, 가축에 대해서도 경제적 가치만 따질 뿐이었다. 개는 키워 잡아먹거나 팔아야 할 대상에 불과했다. 산돼지와 고라니는 저주의 대상이었고, 돌담을 넘나드는 길고양이도 눈에 불을 켜고 쳐다볼 뿐이었다.

아름다움을 모르는 사람들이었다. 밭두렁을 장식한 저 황홀한 모습의 달맞이꽃도 피었다 스스로 지련만 그 기간을 참지 못하고 싹둑싹둑 잘라 없애야 직성이 풀리는 사람들이었다. 그렇듯 삭막한 사람들이었다. 필요치 않는 모든 것은 돌로 짓이겨 죽이거나 제초제로 벌겋게 태워 없애야 시원해하는 사람들이었다.

그러한 사람들의 모습이 어디 여기 산골마을 사람뿐이겠는가. 많이 가지고, 가지고 또 가지려는 사람들. 서로 경계하고 질시하면서 살아가는 도시인들이라고 뭐가 다르겠는가. 속이고 빼앗고 내팽개치는 일이 다반사인 세상 아니던가. 짓밟고 떼밀고 넘어뜨리면서, 짓밟히고 떼밀리고 넘어지면서 살아가는 일상 아니던가.

슬픔도 잊고 눈물도 잃어버린 사람들. 미소도 잊고 손뼉도 잃어버린 사람들. 무심하고 무정하고 무감각한 사람들이 살아가는 세상에서, 삼십육 점 오 도의 체온마저 얼음덩이 속에 가둔 채 살아가는 세상에서 꽃이 핀들, 눈이 내린들.

이런 세상에서 반달가슴곰 세 마리가 나를 울렸다.

수천 마리의 곰들이 철창에 갇혀 살아가는데 그중 세 마리를 환경단체가 구출해 동물원으로 보냈다고 하는 소식이다. 많은 사람들이 그 환경단체의 모금에 참여해 오직 세 마리를 구출했다는 소식이다. 나도 월 이만 원 후원약정서를 썼다. 내년 가을엔 백 마리 천 마리의 곰이 철창에서 빠져나오기를 바라면서.

그래도 아직은 이 세상에 꽃이 피어야 할 이유가 있다. 하얀 눈이 펑펑 내려야 할 이유가 있다.

저 생명들에
마음을
열어보시라

파랑새가 왔다. 여름 철새인 파랑새는 사월 말이면 온다. 올해도 어김없이 녀석들의 짹짹거리는 소리가 봄 하늘을 가득 채운다. 우리 마을이 깊은 산속에 자리 잡았고 고목들이 많아 서식환경이 좋은 것 같다. 나뭇잎이 무성해지면 샛노란 깃털로 치장한 꾀꼬리가 찾아오고, 다랑이논에 물을 잡기 시작하면 왜가리와 쇠백로도 나타나 그 좋은 경치에 화룡정점을 찍어준다.

이 산골에 들어와 처음으로 파랑새를 보았다. 조그맣고 예쁘장하고 유순할 것 같았던 파랑새에 대한 상상은 그러나 무참하게 깨지고 말았다. 파랑새는 거칠었다. 사나웠고, 비둘기만 한 몸집을 가지고 있었다. 울음소리도 시끄러웠다.

　파랑새가 나타나면 마을 하늘에선 한바탕 전쟁이 일어나는 분위기였다. 터줏대감인 까치와 때까치와 까마귀도 파랑새 앞에서는 꼼짝 못하는 모습이었다. 그들의 거처인 고목을 차지하려고 파랑새는 그들과 한바탕 전투를 벌이는 듯했다. 한동안 티격태는 소리가 가라앉고 나면 커다란 나무들은 대개 파랑새들 차지가 되어 있었다.

손님을 가장 먼저 맞이하는 길고양이들

봄이 오면 피는 꽃도 꽃이지만 동물들의 세상도 된다. 마당엔 벌써 고양이가 새끼를 데리고 나왔다. 보일러실 모퉁이 종이상자에서 예쁘와 다롱이가 새끼를 낳아 보살피더니 어느새 아이 주먹만큼이나 자랐다.

　"아버지, 아기 고양이가 눈을 못 떠요. 눈병인가봐요."

　보름이가 꽃밭가를 몰려다니는 새끼 고양이들을 찬찬히 살펴보고 있었다.

　다섯 마리 가운데 두 마리가 눈곱이 끼어 눈을 못 떴다. 소독물약으로 씻어 눈곱을 떼어내고 안약을 넣어주었다. 이 녀석들

가운데 몇이 살아남을지 모를 일이었다.

새끼를 가져 배가 불룩한 암고양이가 한두 마리가 아니었다. 몇몇이 보이지 않는 걸로 봐서 필시 이웃집 헛간이나 뒷마당 장 작더미 사이에서 새끼를 낳아 기르는 것이 분명했다. 며칠 지나 지 않아 우리 집 마당은 또 새끼 고양이들이 어지러이 뛰어다닐 것이다.

"고양이가 너무 많지요? 싫어하시면 다른 집을 소개해드릴게 요."

민박 손님이 도착하면 아내는 습관처럼 이 말을 던졌다.

"아녀요. 이런 거 다 알고 왔는설요."

"아이고, 알러지가 있어서. 미안해요."

손님들은 대개 이렇게 두 방향으로 갈렸고, 아내는 떠나는 손 님에게도 환하게 배웅을 해주었다.

집으로 들어오는 순간 누구나 고양이를 만나야 한다. 바깥마 당 장작더미 위에서 쳐다보고 있는 뽀송이와 노랭이, 지붕 위를 서성대며 내려다보고 있는 억울이, 장독대 담장에서 눈을 마주 치는 코점이와 회색이, 꽃밭 사이에서 빼꼼히 내다보는 예쁘와 아롱이, 현관 옆 신발장 위에서 머리를 주억거리는 쏘리.

고양이에 밀릴세라 마당 귀퉁이서 낮잠에 빠져 있던 강아지들은 아예 온몸으로 손님을 맞이한다. 꼬리가 빠지도록 흔들며 뛰어와 바짓가랑이에 코를 대고 킁킁거리는 고미, 환영의 몸부림이 격하여 허리춤까지 뛰어오르는 꽃분이, 방충망을 사이에 두고 그 광경을 바라보고 있어야만 하는 행운이.

깨물지 않아도 아픈 손가락, 행운이를 위하여

행운이는 사 년 전 이맘때 자기 발로 걸어 우리 집에 왔다. 온몸에 털이 길어 눈도 보이지 않았다. 긴 털은 빗자루처럼 땅바닥을 쓸고 다녀 엉겨 붙어 있었다. 어쩌다 여기까지 왔을까.

아내는 털이라도 깎아줘야겠다며 녀석을 붙잡았다. 순간 아내는 화들짝 놀랐다. 녀석의 배에 야구공만 한 종양이 돋아 있었는데, 그 커다란 종양은 땅에 끌려 짓물러져 농이 흐르고 있었다. 아내는 녀석을 동물병원으로 데려갔고, 오십만 원이라는 거금을 들여 수술을 받았다.

털을 깎은 녀석의 몸뚱이는 말이 아니었다. 온몸이 피부병으로 얼룩져 있었다. 심장사상충에도 감염되어 호흡이 거칠었다. 종양 수술이 회복되면서 심장사상충 치료를 해주기로 하고 창원시에 있는 한 동물병원을 예약했다. 또 오십만 원이 들었다. 매달 한 번씩 네 번을 다니면서 치료를 받았고, 행운이는 비로소 건강을 되찾았다.

그러는 사이 떠돌던 시기에 잉태한 생명을 낳았다. 미숙한 상태로 태어난 새끼는 사흘 만에 죽었고, 양호한 상태로 태어난 새끼는 지금 마당에서 천진스럽게 뛰노는 고미. 우리는 행운이의 청력이 완전 마비되었다는 사실을 그때야 알았다.

행운이는 처음부터 애물덩어리였다. 종양 수술에 심장사상충 치료에 피부병 치료까지 어려운 살림에 백만 원이 넘는 돈을 들여야 했는데 그해 가을 또 발정이 찾아와 중성화 수술을 하지 않을 수 없었다. 또 사십만 원을 썼다. 그것도 모자랐다. 떠돌던 시기에 영양이 부족해서 그랬는지 이빨이 썩기 시작하면서 입냄새가 말이 아니었다. 손가락에 끼워 쓰는 개 칫솔을 쓰고, 입안에 뿌리는 세제를 써도 냄새는 쉬 가라앉지 않았다.

입안에 염증이 있어서 그럴 거라는 판단에 동물병원에서 소염제를 사왔다. 과연 냄새가 가셨다. 그러나 그것도 한동안일 뿐이었다. 다시 냄새를 풍기기 시작하자 동물병원을 찾지 않을 수 없었다. 염증 치료에 삼십 삼만 원이 들었다. 그런데 거기서 그치지 않았다. 입속에 종양이 있다는 거였다. 윗입술 안쪽에 구슬만 한 종양이 있었고, 가끔 입 밖으로 삐져나오기도 했다. 동물병원에서 염증이 나으면 종양 수술을 하자고 했다. 또 엄청난 돈이 들어갈 거였다.

"어떡해."

아내가 한숨을 토했다. 나도 걱정이 앞섰다.

"그래도 수술은 해줘야지 뭐."

"어떻게 저것들 좀 정리가 안 될까."

아내가 낮은 소리로 중얼거렸다. 참다 참다 처음으로 보인 아내의 반응에 나도 머리를 끄덕거리고 있었다.

"앞으론 사료를 조금씩만 줘볼까 해. 배고프면 떠나는 놈들도 생기겠지."

"그런다고 그렇게 할 수 있겠어요?"

"글쎄."

마당을 뛰어가는 고양이 무리를 보면서 말끝을 사렸다. 고양이들이 생명을 잉태하고 출산하는 시기여서 가끔 먹일 요량으로 사둔 꽁치 통조림이 생각났다. 저녁엔 그 통조림으로 특식을 차려줄 생각이었다.

염증 치료를 받고 돌아온 행운이는 그 와중에서도 음식물 찌꺼기를 모아두는 통 앞에서 코를 벌름거리고 있었다.

높은 담 속은 얼마나 적막한가

행운이를 들인 뒤로 나는 가끔 녀석을 끌어다 품에 안고 잤다. 녀석은 잘 잤다.

'부디 너를 버린 옛 주인에 대한 나쁜 감정은 버리렴. 사람들이 그렇게 나쁘지만은 않단다. 여기서 살다 죽을 때까지 사람을 싫어하지 마라. 혹시라도 응어리진 게 있다면 살아가면서 다 녹여주렴.' 나는 아무 소리도 들을 수 없는 행운이의 귀에 대고 이렇게 속삭이곤 했다.

산골에 산다는 것은 이처럼 많은 새로운 생명을 만나 함께 산다는 것이다. 이러한 생명을 거부하며 살 수 없다는 것이다. 그렇게 살아서는 안 된다는 것이다. 높다랗게 담을 쌓고 그 안으로 아무런 생명도 들여놓지 못하는 삶은 얼마나 적막한가. 얼마나 팍팍한가.

파랑새가 온다고 신기해하고, 꾀꼬리 그 샛노란 깃털을 눈부셔하고, 고라니 발자국을 보면서 청정함을 느낀다면 조금만 담을 낮추시고 길고양이 한두 마리 맞이하시라. 떠돌이로 지친 강아지 한 마리쯤은 거두어 보시라. 양계장에서 2년 살다 도축장으로 팽개쳐지는 닭도 서너 마리 풀어 놓으시라.

자연이 좋다고, 신선한 공기가 좋다고, 맑은 물이 좋고, 새소
리가 아름답다고 귀농하고 귀촌하는 사람들이시여.
  아주 조금만이라도 저 생명들에게 마음을 열어보시라.

고구마밭에
남몰래 숨겨둔
애환

어른 손바닥만 한 발자국을 남기고 산돼지가 처음으로 고구마밭을 다녀간 날 아침, 밥상머리에서 나눈 우리 가족들 대화는 이랬다.

"큰일이네. 아직 뿌리도 안 달렸는데 벌써 산돼지가 다녀갔네."

"어디로 들어왔는데."

"호두나무가 있는 그 개울 쪽인 거 같아. 축대도 제법 높고 비탈이 심한데도 그리 올라온 것 같아."

"그러게 미리미리 그물망을 치라고 했잖아요."

"그물망을 치면 안 와요?"

"그물망이 무슨 도움이 되겠어? 그냥 해보는 거겠지."

"그렇다고 두 손 놓고 그냥 있을 수만은 없는 거잖아."

"얼마나 파헤집었는데?"

"이쪽 거름기가 많은 곳과 저쪽 밭 끄트머리만 집중적으로 파 버렸네."

그날 나는 그물망을 사와서 밭두렁을 돌아다니며 취약하다 싶은 곳을 막았다. 모아둔 폐 현수막도 여기저기 쳤다. 들어오는 산돼지 발자국 크기를 생각하면 이런 것으로 막을 수는 없을 거란 생각을 했다.

다음 날은 산돼지가 오지 않았다. 그 후 사나흘 동안 오지 않았지만 닷새째 되던 날 아침, 고구마밭이 엉망이 되어 있었다. 처음 들어온 면적만큼, 그때 파헤친 포기 수만큼 해치웠다.

그날 아침 밥상머리에서 우리 가족이 나눈 대화는 이랬다.

"아휴, 이걸 어째. 이번엔 그물망을 뚫고 들어왔네."

"많이 파먹었어?"

"면사무소에 신고해요."

"그럼 어찌되는데?"

"포수를 보내주겠지. 뭐 마땅히 해줄 방법이 있겠어?"

"포수가 온다고? 그럼 그 산돼지를 잡는 거야?"

"그럼 그 산돼지는 죽겠네요."

"총소리에 놀라 산 너머 다른 마을로 떠나버릴지도 몰라."

"설마, 고구마밭을 놔두고 그렇게 떠나겠어?"

"면사무소에 가서 신고라도 해야지. 어떻게 키운 고구만데 이대로 포기할 수는 없는 거잖아."

마침내 면사무소로 발걸음을 옮기고

오전 내내 망설이다 점심나절에 면사무소로 갔다. 식사시간인데도 마침 담당 공무원이 자리를 지키고 있었다. 행정에서도 별로 도리가 없다고 했다. 포수를 불러야 하는데 언제쯤 오게 될지는 모르겠다고 했다. 대신 유해 야생동물에 의한 농산물 피해보상 신청을 하는 제도가 있다고 했다. 이름과 전화번호와 집주소를 남기고 면사무소를 나오는데 여길 찾아온 나 자신이 부끄럽고 우둔하다는 생각에 부아가 치밀었다.

면사무소에서 돌아와 밭두렁을 돌아다니며 또 그물망을 쳤다. 다음 날은 산돼지가 들어오지 않았다. 그러나 이틀째 되던 날 아침 고구마밭은 엉망진창이 되어 있었다. 또 그날 해치운 만큼 파헤집어버렸다. 제법 새끼손가락만 한 고구마가 파헤쳐진 뿌리 끝에 대롱대롱 달려 있었다.

그날 아침 밥상머리에서 나눈 우리 가족들의 대화는 이러했다.

"또 들어왔다 가셨네. 도저히 안 되겠다. 포기를 하든가, 면사무소를 다그쳐서 포수를 부르던가 해야지."

"망도 뚫어버리고, 현수막을 쳐도 들어오니 달리 방법이 없네."

"피해보상 제도가 있다면서요."

"신경 그만 쓰고 내비 둬요. 실컷 먹고 나면 피해보상 신청이나 하고. 그러다 병나겠다."

"그럴까? 나도 스트레스가 심하네. 짜증도 나고."

"차라리 그 편이 낫겠어요. 그렇게 하세요. 아버지."

"그래. 그렇게 해요. 산돼지 잡아달라는 것도 할 짓이 아니지."

"그래도 명색이 환경운동가였는데 그러는 것도 이상하지. 그렇지?"

금요일 토요일 일요일 밤 내리 사흘을 하루도 안 거르고 산돼지는 고구마밭을 휩쓸고 다녔다. 사백 평쯤 되는 고구마밭은 흙물스럽게 변해갔다. 나는 어떻게든 막아보려고 했다. 읍내 농약 가게에 나가 대형 야생동물 퇴치제를 사와서 밭두렁을 돌아다니며 뿌렸다. 집에 모아둔 폐 현수막을 있는 대로 가져와 곳곳에 쳤다. 이웃집 경음기까지 빌려와 달았다. 밭 주변은 그야말로 어수선하게 변해갔다.

고구마밭을 바라보는 내 심정은 타들어갔다. 얼마나 곱게 가꾼 밭이던가. 고구마 포기가 마치 꽃송이처럼 탐스럽게 피어 번져나가기 시작했을 때의 그 모습을 바라보며 얼마나 자랑스러워했던가. 그런 밭이 저처럼 흉물스럽게 변해가는 것을 보니 참으로 기가 막혔다. 고구마를 수확하고 말고의 문제가 아니었다. 내 밭이 저처럼 너덜너덜해지는 것에 대한 분노가 일었다.

다시 면사무소 담당자를 찾았다. 포수에게 연락을 취했다고 했다. 피해신고를 했으면 현장에 와보고 얼마나 심각한지, 얼마나 긴급한 상황인지 판단을 해야 하는 거 아니냐고 따졌다. 포수에게 문자만 달랑 보내놓고 할 일 다 한 거냐고 따졌다. 오늘 당장 포수를 보내주도록 연락해보겠다는 답이 되돌아왔다. 참으로 허망한 시간이었다.

고구마밭은 처절한 모습으로 파헤쳐졌다

집으로 돌아와 다시 고구마밭으로 나갔다. 어젯밤 뚫고 들어온 곳을 현수막으로 막았다. 날이 저물도록 포수는 오지 않았다. 오늘 밤에도 산돼지는 현수막과 그물망과 경음기를 뚫고 들어와 잔치를 즐길 것이다. 그 아름답던 내 밭이랑은 마침내 처절한 모습으로 파헤쳐질 것이다.

"고구마 모종 얼맙니까."

사월 중순이었다. 읍내 장에 나갔는데 벌써 싱싱한 고구마 모종이 나와 있었다. 올해 더 늘린 밭떼기에 고구마를 심어볼까 하는 마음이 생겼다.

"키로에 팔천 원, 저거 한 자루에 십이만 원."

"지금 심으면 언제 캐요?"

"추석 전에 캐지. 그때 캐야 돈이 되고. 고구마로 돈 버는 사람들은 다 요새 심어. 십 키로짜리 한 상자에 사만 원은 넘게 받을걸?"

군침이 돌았다. 다들 요즘 심는다고 하지 않는가. 돈이 된다고 하지 않는가. 늦게 캐는 고구마는 한 상자에 삼만 원 받기도 벅차지 않던가.

올해 늘린 밭은 마을에 가까이 붙어 있으니 산돼지는 피할 수 있을 거라는 생각이 들었다. 세 자루를 샀다.

그런 마음으로 심은 고구마였다.

어른 손바닥만 한 발자국을 남긴 그 산돼지가 여섯 번을 들락거리고 난 다음 날 아침 아내도 나를 따라 밭으로 나섰다. 간밤에 산돼지는 또 들어와 어김없이 분탕질을 쳐두었다. 이번엔 고추밭까지 설치고 다녔다. 고구마밭 언저리에 세워둔 경음기 소리에 놀란 녀석이 피하려고 고추밭으로 돌진한 듯했다.

"이걸 어째. 고추밭까시 잉망이네."

아내는 쓰러지고 부러진 고추 포기에서 풋고추를 따내며 안타까워했다.

"아마 저 고구마를 다 먹어치울 때까지 들어올 거야."

"고추는 망치면 안 되는데 어떡해요."

"저 경음기를 치우면 고추밭에는 들어가지 않겠지."

경음기를 뽑아드는 손길에 힘이 빠졌다.

돈 된다는 고구마이기에 미련이 남는 걸까. 애지중지 보살핀 고구마밭이기에 포기하기 어려운 걸까.

애틋한 순간순간을 지워가는 세월

한 시절 환경운동을 하면서 '자연과 인간의 평화로운 공존'을 좇으며 살아온 삶이었다. 생명을 사랑해야 한다고, 야생동물도 우리와 함께 살아갈 권리가 있다고 외치던 삶이었다.

날짐승 길짐승을 만나 때로 감동하고 감격스러워하면서 살아온 삶이었다. 가끔 산비둘기가 움트는 콩을 파먹고, 고라니가 팥싹을 뜯어먹고, 산돼지가 밭이랑을 밟고 지나다녀도 그러려니 하며 살아온 삶이었다. 잘 견디고 잘 버텨온 삶이었다.

몇 년 전 고구마밭을 산돼지에게 다 빼앗겼을 때 고구마를 심지 않으리라 다짐하지 않았던가. 산돼지가 안 건드리는 작물을 심었으면 이런 일은 일어나지 않았으련만 돈이 된다는 고구마 앞에서 나는 무너졌다. 한 상자 사만 원은 넘게 받을 거라는 그 기대와 욕망에 나는 무너졌다.

그렇게 품었던 그 돈에 대한 유혹을 미련 없이 버리지 못하고 나는 마침내 면사무소를 향했고, 포수밖에 불러줄 수 없다는 담당자를 다그쳤었다. 포수를 불러 그 산돼지에게 총질을 하라고 종용하듯, 왜 그렇게 손 놓고 있느냐고 따졌었다.

아, 부끄럽고 슬퍼라.

나도 여느 늙은이들처럼 가슴을 욕심으로 채워가는구나. 지난

날 그 애틋한 순간순간을 허무하게 지워가는구나.

　건너편 고구마밭에서 총소리라도 날까 싶어 뒤척이는 이 밤이
괴롭고 길었다.

그들의
거룩하고 따뜻한
마음

행운이 종양 수술을 하기 위해 수의대학 동물의료센터로 가는 길, 나의 가슴은 내내 심란했다.

행운이는 역한 입 냄새를 풍기며 커다란 종이상자에 쪼그리고 앉아 있었다. 입속에서 삐져나온 종양덩어리가 흉하게 달랑거렸다.

센터의 수의학교수로부터 행운이를 데려오라는 전갈이 왔다. 페이스북을 통해 알게 된 사이인데 행운이 몸 소식을 전해 듣고 도와주려는 것이었다. 염치도 없이 선뜻 길을 나섰다. 이 년 전에도 왔으니 이번이 두 번째였다.

그때는 바둑이가 노환을 앓고 있었다. 기도협착으로 숨을 편히 쉬지 못했다. 노환이지만 시술이 가능하니, 원한다면 해주겠다고 했다.

고마움에 가슴이 뭉클했다. 일단 약을 먹여보기로 하고 일주일치 약을 받아든 채 센터를 나오는데 세상이 참 맑고 향기롭다는 생각을 했다.

집에 돌아와 숨이 차 헐떡거리는 바둑이를 앞에 두고 가족이 모여 앉았다.

"시술을 해주겠다고 하는데 해줘야 하지 않을까요."

보름이가 곁에 앉은 바둑이를 쓰다듬으며 먼저 말문을 열었다.

"그래도 꽤 비용이 들 건데."

아내도 안쓰러운 눈빛으로 바둑이를 내려다보고 있었다.

"노환이라는데 굳이 그렇게까지 해야 하나?"

"그러게. 내 생각도 그래."

아들녀석과 나는 시술에 부정적인 생각을 가지고 있었다.

늙으면 병들게 마련이고, 그렇게 떠나야 하는 것은 섭리 아닌가. 노환마저 치료해 생명을 연장하는 것이 무슨 의미가 있나 싶었다. 바둑이는 우리와 십칠 년을 살았다.

가족회의는 시술을 않는 것으로 결론이 났다. 약을 먹이고 어느 순간 죽음을 맞으면 함께 산책하던 길가 양지바른 곳에 묻어

주기로 했다. 다행이도 약이 잘 들어 바둑이는 일 년 넘게 살다
아내 품에서 새가 되어 떠났었다.

가장 걱정되는 것은 역시 수술비였다

행운이를 안고 센터로 들어서자 수의학교수께서 기다리고 있었
다. 이런저런 검사를 마치고 세심하게 설명을 해주셨다. 입속 종
양에 더해 엉덩이 쪽 생식기 곁에도 종양이 발견되었다. 악성은
아니라고 했다. 몸의 건강 상태는 매우 좋은 편이라고 했다.

수술이 진행되는 동안 근처 식당에서 아들녀석과 마주 앉았
다. 궁한 살림살이에 이 먼 곳까지 와서 두 개의 종양 수술을 하
고 있으니 녀석도 심란한 모양이었다.

"수술비는 얼마쯤 될까?"

"그래도 기본 비용은 나오겠지."

"그래, 그게 얼마나 되겠냐고. 종양도 두 갠데."

"삼십만 원까지는 생각하고 있다. 그보다 덜하면 좋겠지만."

"페이스북에서 만난 친구라면서 너무 기대가 큰 거 아냐?"

행운이가 떠돌이로 우리 집 마당에 나타났을 때 배에 커다란
종양이 있었다. 곧바로 남원동물병원에 가서 수술을 받았는데

수술비용은 오십만 원이었다. 녀석 말마따나 왈칵 걱정이 가슴을 짓눌렀다.

　수술은 잘 끝났다.
　"이 먼 길을 다시 오지 않아도 되게끔 수술 부위를 그에 맞게 봉합했습니다."
　행운이를 안아 건네며 선한 눈웃음을 보였다.
　"부득이 차트 관리 비용은 청구해야겠기에 접수 카운터에 가서 계산하고 약 받아가세요."
　차트 관리 비용은 삼만 원이었다. 약봉지를 받아들고 거기까지 따라나온 그 수의학교수께 뭐라 고마움을 표해야 할지 몰랐다. 행운이를 안은 채 엉거주춤 허리를 굽혔다.
　"이거, 참 고맙습니다. 감자와 양파를 캐면 좀 보내드릴게요."
　센터를 빠져나오는 내내 배웅하는 의료진들 앞에서 숙인 허리를 펼 수 없었다. 하필이면 그때 왜 내 눈언저리가 그처럼 뜨겁게 달아오르는지 고개를 들기조차 부끄러웠다.

행운이를 어루만져준 거룩한 손길

살만큼 산 세상이라고 믿었다. 세상의 단맛과 쓴맛을 다 보며 산 삶이라고 믿었다. 거칠고 팍팍한 세상이었다고, 얼음장처럼 차갑고, 유리벽처럼 아슬아슬한 세상이라고 믿었다. 따뜻한 위로와 슬픔을 함께 나눌 이웃은 사라진지 이미 오랜 세상이라고 믿었다.

그런 세상이라고 믿었다.

우리 가족을 위해, 우리 가족의 삶을 위해, 우리 가족이 살아가는 이 세상을 위해 누가 어떤 온정을 베풀어주리라는 기대는 접고 살았다. 그런 일은 결코 일어나지 않을 세상이라고 생각하며 살았다. 오직 우리 가족끼리 우리 가족의 힘만으로 살아야 할 세상일 거라고 생각하며 살았다.

어느 순간 우리도 얼음장처럼 차갑게 변해가고 있다는 사실을 느꼈고, 얇은 유리벽처럼 위험한 장막을 치고 있었고, 다른 누군가의 슬픔을 우리 슬픔으로 받아들인 기억조차 아슴아슴한 삶을 살고 있었다.

썩어가는 행운이의 역한 몸뚱이를 어루만져준 그 손길을 생각한다. 그 따뜻하고 아름답고 거룩한 마음을 생각한다.

이 너른 세상 어느 한 구석도 제대로 알지 못하면서 마치 세상을 다 살아온 것처럼 생각하고, 단정 짓고, 담을 쌓아온 내 삶을 돌아본다. 메말라가는 내 감성을 세상 탓으로 몰아간 이기와 오만을 조금씩 긁어내야겠다는 생각을 한다.

넓은 상자에 편안하게 드러누운 행운이의 몸뚱이를 만져본다. 손끝으로 부드러운 숨결이 전해진다.

그들의 거룩하고 따뜻한 마음이 함께 전해진다.

제 5 장

내 삶의
가장
빛나는 시간에

다시,
기차여행을
꿈꾸다

"올해는 면허증이라도 좀 따소."

해가 바뀔 때마다 아내가 하는 소리다. 나는 아직도 운전면허증이 없다.

군대에서 수송부에 복무할 때 운전면허증을 땄었는데, 제대해서 일반면허증으로 바꾸지 못했다. 마흔 즈음에 자동차 운전학원에 등록하고 필기시험에 합격한 적이 있었는데 일이 바빠 포기해버렸었다. 그 뒤로 지금껏 운전면허증 딸 생각은 없이 살았다.

어딜 가나 버스를 탔고, 간혹 기차가 나의 자가용이었다. 그것도 어느새 습관으로 굳어 이제는 승용차 앞좌석에 앉으면 그 속

도감에 두려움을 느끼기도 한다. 아들놈 차를 얻어 타고 읍내로 나갈라치면 족히 서너 번은 천천히 가자고 잔소리 아닌 잔소리를 한다.

　명색이 환경운동을 해오면서도 별로 친환경적으로 살아오지 못했다. 젓가락질이 서툴러 나무젓가락을 좋아했고, 종이컵도 곧잘 썼다. 고기를 먹지 않으면 얼마 가지 않아 슬그머니 삼겹살 집을 찾아들었고, 달 목욕을 끊어 매일 동네 목욕탕도 다녔었다. 어딜 나가도 내가 쓸 컵조차 챙기지 않았다. 이래저래 나의 생활은 반환경직인 모습 그대로였다.

　환경단체에서 월급을 받으면서 이렇게 살아도 되나 싶었다. 그래서 한 가지는 제대로 실천해야겠다고 작심했는데 그것이 평생 동안 자동차를 가지지 않는다는 거였다.

　차라리 평생 샴푸 한 방울 쓰지 않겠다는 다짐을 했더라면 훨씬 살기가 편했을 것이었다. 왜 하필 운전면허증을 따지 않고 자동차를 가지지 않겠다는 결심을 했는지 가끔 후회하는 마음이 들기도 했다.

　그도 그럴 것이 이런 산촌생활에서 자동차가 없다는 것은 얼마나 불편한가. 하루 여섯 대 들어오는 버스를 기다려 일을 보러 다닌다는 것은 요즘 세상에서 있을 수도 없는 일이다. 그래서 걸핏하면 택시를 부르고, 면내에 세 대뿐인 개인택시들이 다 장거리 운행을 나가버리면 속절없이 발이 묶이는 신세가 되어버린다.

자가용이 없어서 겪는 불편이란

요즘은 자동차를 가지지 못한 데서 오는 후회막급이 더했다. 일자리라고는 군청 기간제 근로가 거의 전부인 산촌에서 그 일자리를 차지할 수가 없었다. 그래도 관공서 근무는 알토란 같은 일자리였다. 산불감시원 경쟁률은 사촌 사이에도 싸움이 나게 했다.

엊그제 군청 홈페이지 게시판에서 춘계 산불감시원 추가모집 공고와 산림 병해충 방제예찰단 모집공고를 봤는데 둘 다 운전면허증 사본 제출이 필수항목이었다. 운전면허증 없이 일자리를 얻는다는 것은 꿈도 못 꿀 일이 되어버렸다. 이래저래 구석으로 떠밀리는 팔자였다.

가뜩이나 궁핍한 살림살이, 그것도 매일 놀고먹는 겨울철에 그런 일자리라도 하나 얻어야 하건만 망할 놈의 운전면허증이 문제였다. 내가 공고문을 보고 있는 사이 아내가 무릎걸음으로 다가와 비아냥거렸다.

"거 봐라, 운전 못하니까 할 일이 없지?"

나는 마른 입맛만 다실 뿐이었다.

"그러게 운전면허증을 따라니까."

아내는 집요하게 면허증 타령이었다.

요즘 들어서는 내가 따지 않으면 자신이 따겠다고 으름장을
놓기도 한다. 별로 민첩하지도 않고 감각도 둔해보이는 아내에
게 운전면허증은 안 된다는 것이 내 판단이었다. 아내가 운전하
는 옆 좌석에 앉는다는 것은 상상하는 것만으로도 끔찍했다.

상황이 이쯤 되면 어련히 운전학원에 등록도 하련만 면허증을
따기는 영원히 글러먹었다. 고소공포증이 문제다. 길이란 길은
죄다 직선화하고, 굴 뚫고, 다리를 놓았다.

진주 한번 다녀올라치면 이 산에서 저 언덕까지 높이 오십 미
터도 더 될 다리가 수두룩하다. 버스를 타고 가면서도 그 높은
다리 위를 지날 때는 어질어질해 아예 눈을 감아버리는데 어찌
눈 뜨고 운전을 한단 말인가.

그런 이유를 들이대기가 민망하여 자동차 면허증 이야기만 나
오면 나는 경제성을 따졌다.

"자동차 살 돈은 어딨냐."

"자동차보다 택시가 더 경제적이다."

"우리 살림에 자동차세, 보험료, 기름값 다 어찌 대며 사냐."

이 지점에 이르면 아내의 자동차와 면허증 타령도 폭삭 꺾여
버린다.

다시 기차여행을 꿈꾸며

"봄이 오기 전에 우리도 여행이나 한번 다녀옵시다."

도라지정과 포장을 하면서 아내가 뜨악하게 말했다. 여행이란
이야기만 나오면 못 가진 자동차로 인해 주눅이 들곤 했다.

"여행? 그래 한번 가지 뭐."

대답하는 말끝이 흐렸다.

"기차 타고 한 사나흘 돌아댕깁시다."

아내가 기차여행을 제안했다. 순간 온몸에 맥이 끊겨 주저앉
은 것처럼 편안했다.

"그래. 남원에서 무궁화호 타고 강경역에서 내리는 거야. 거기
젓갈시장이 유명하거든. 그리고 다시 조치원으로 가서, 충북선
으로 갈아타고 제천으로 가서, 영동선으로 갈아타고, 태백이나
황지에도 가보고, 다시 동해안으로 나가서 바닷바람도 쐬고, 다
시 영동선으로 영주에 와서 경북선으로 갈아타고 김천으로 와서
직지사도 가보고. 당신 직지사 안 가봤지? 그리고 다시 경부선

으로 동대구, 포항으로 가서 동해남부선 타고 부산으로 가서 요양병원 어머니도 한번 만나 뵙고, 경전선 타고 순천으로 가서 순천만 그 맛난 짱뚱어탕도 먹어보고, 순천에서 다시 전라선 타고 남원으로 돌아오면 되겠네."

내 말을 듣는 둥 마는 둥 잠시 일손을 놓은 아내는 멍하니 창밖을 바라보고 있었다. 한 무리 때까치가 앞산 기슭으로 스며들고 있었다. 또 추위가 오려는지 세찬 바람에 호두나무 가지가 부러질 듯 흔들렸다. 아내도 나처럼 속절없이 흘러가는 세월과 해를 더할수록 무기위지는 자신의 삶이 참 서글프겠다는 생각이 들었다.

아내는 창밖 헐벗은 지리산에 시선을 고정한 채 한참을 미동도 않고 앉아 있었다. 손에 쥔 도라지정과가 스르르 바닥으로 굴러 떨어졌다. 젊었던 어느 해 가을, 중앙선 기차로 조령을 넘어올 때 만난 불타는 단풍이 아내의 눈동자에 머무는 것이 보였다.

나란히 앉아 기차를 타고, 함께 한곳을 바라본 날이 무척 오래되었다.

이
가련한
일중독자야

하루 종일 비가 온다. 아내는 읍내 문화센터에 나가고, 보름이도 서하와 함께 읍내 보건소에 나가고, 텅 빈 집에 홀로 남았다. 화목보일러 온도 높이고, 뜨뜻한 방바닥에 드러누워 텔레비전을 켜고 바둑방송을 보다 들창을 울리는 낙숫물 소리에 벌떡 일어나 앉았다. 무엇을 할까. 무엇이든 일을 해야 하는데.

이런 생각이 들면 '일중독'이라는 말을 들은 적이 있다. 이른 아침 밭 둘러보고 들어와 옴짝달싹 않고 드러누워 있으려니 온몸이 근질거린다. 괜히 초조해지고 불안해지며 무슨 일이든 해야 할 것 같은 생각이 들기도 한다. 맞네, 맞아. 일중독!

밖으로 나갔다. 마루에 쪼그리고 앉아 비 내리는 풍경을 멍하니 바라본다. 산등성이는 비구름에 가렸고, 한 무리 짙은 안개가 건너편 골짜기 낙엽송을 훑으며 지나간다. 아내의 꽃밭에는 알리움 꽃대가 한 뼘이나 자랐다. 서너 해 전 우리 결혼기념일에 보름이가 선물해준 하얀 목단이 꽃망울을 맺었다.

뒷마당으로 갔다. 거위 덤벙이와 새데기가 꽥꽥거리며 뒤뚱뒤뚱 달려온다. 닭장 속에 움츠리고 섰던 닭들이 일렬종대로 뛰어나오며 퍼덕퍼덕 날갯짓이다. 모이를 퍼주고 알자리를 살펴보니 벌써 다섯 개의 알을 낳았다. 새데기는 창고 언저리 구석진 곳에 스스로 알자리를 만들었고, 거기 주먹덩이만 한 알을 낳아두었다. 알들의 온기가 아직도 남아 있었다.

하릴없이 바쁜 일중독자의 매일매일

다시 앞마당으로 나오니 살이 빠져 홀쭉해진 꽃분이가 꼬리를 흔들며 뛰어왔다. '다산의 여왕'답게 꽃분이는 또 다섯 마리의 아가를 낳았다. 우리 집에 들어오고 매년 한 번씩 다섯 마리를 낳는다. 올해는 불임 호르몬주사까지 맞혔는데 꽃분이의 생식본능은 그 주사액보다 강했다. 냉장고를 뒤져 닭고기 몇 토막을 삶

289

아 먹었다.

그리고 또 무슨 일을 해야 하나. 우산 쓰고 밭이라도 둘러보러 갈까? 건너편 산언저리 고사리가 피었는지 가볼까? 창고방 잡동사니들 정리 작업이나 해야겠다. 선풍기도 뜯어서 씻고, 잡곡자루도 보기 좋게 갈무리하고, 이런저런 장아찌통도 가지런히 정돈한다. 그리고 또 무슨 일을 할까. 아, 이 가련한 일중독 증자야!

문득 술을 한잔 했으면 좋겠다는 생각이 든다. 선술집 목로에 주저앉아 늙수그레한 주모와 마주 앉아 질펀하게 농지거리도 주고받으며 세상의 단맛과 쓴맛을 섞어 취해보고 싶었다. 옆자리에 든 주당께 술잔을 건네기도 하면서 거나하게 취해 젓갈장단을 맞추고, 심수봉의 노래 혹은 '황성옛터'를 부르고 싶었다.

한 시간을 걸어 면 소재지로 가서 인월행 완행버스를 타자. 장터순대국집 주인장은 나보다 한 살 아래 개띠. 그이가 말아주는 순대국밥에 소주잔을 들자. 무싯날이니 손님도 별로 없을 터, 빗속을 헤쳐 찾아든 손님을 아니 반길리야 하겠는가. 그래, 오늘은 안주도 따로 한 접시 시키자.

옷을 갈아입었다. 서늘해서 조금은 두꺼운 옷을 골랐다. 밖으로 나오자 빗줄기가 많이 굵어졌다. 내 나이가 몇인데. 이리 살면 안 되지. 진정하자. 무슨 청승으로 거기까지 술 마시러 간단 말인가. 낮잠이나 자야지. 다시 들어와 옷을 바꿔 입었다. 드러누워 텔레비전을 켜고 바둑방송에 채널을 맞췄다. 이세돌이 김명훈을 이겼다. 역전승이었다.

봄비를 보고 추억에 젖다

내가 살던 도시, 집 앞 체육공원 귀퉁이에 날이 어두워지면 등을 밝히는 포장마차가 하나 있있다. 따끈한 우동 한 그릇과 고갈비와 소주는 나의 단골메뉴였다. 느지막이 귀가할 때면 거기를 찾았고, 가끔 아내를 불러내 자커니 권커니 하며 추억을 만들었다.

포장마차에 대한 추억은 내가 죽어서도 무덤까지 가져갈 정도로 강하게 남아 있었다. 젊디 젊던 시절 진주시 봉곡동 택시회사 노동조합 사무실 모퉁이에서 포장마차를 직접 운영했었다. 돈이 되지 않는 노동자신문 지국장일을 접은 뒤 마땅한 일거리가 없던 시절이었다.

택시회사 노동조합은 전기와 수도를 공급하겠다며 골목에 버려둔 포장마차를 끌고 나와 나에게 맡겼다. 노동조합 출입문 바로 앞 길모퉁이였다. 일을 도와주던 해고노동자에게 월 육십만 원을 주고, 위장폐업에 맞서 싸운 전자제품조립공장 노동조합에 석유난로를 사줄 수 있을 정도로 돈을 벌었다.

호사다마라 했던가. 겨울로 접어들 무렵, 진눈깨비가 몰아치는 추운 날이었다. 일을 거들어주던 그 해고노동자가 오토바이 사고로 병원으로 갔다. 나는 그날 포장마차를 열지 못했다. 추위와 폭풍은 며칠 계속되었고, 포장마차는 골목에 방치된 상태였다. 나중에 진주 YMCA 옆 건물 지하 점포를 임대했고, 대동세상을 꿈꾸며 '대동집'이라는 주점을 차렸지만 이 년 뒤에 망해 외상장부만 들고 나와야 했던 어설픈 과거가 있었다.

비는 그침 없이 계속 내린다. 가까이에 그런 포장마차라도 하나 있었으면. 그때 그 대동집처럼 넉넉한 주점이라도 하나 있었으면. 포장마차나 주점이 있으면 뭐하나. 그때 그 사람들은 다 떠나버리고 지금 내 곁에는 아무도 없는데. 그때 그 뜨거움은 이미 다 식어버렸는데.

양념갈비를 좀 재워놓아야겠다

"아버지, 옷 챙겨 입고 계세요. 오늘 외식하게요."

전화기 너머로 보름이의 반가운 목소리가 들렸다.

"외식? 무슨 외식?"

"지난 주 고생하셨잖아요. 산에 가서 두릅 따랴, 민박 손님 치랴."

"느그 어머니 아직 안 왔는데?"

"인월에서 만나기로 했어요. 지금 모시러 갈게요. 밖에 나와 계세요."

참 희한한 일이다. 어찌 내 마음을 이리도 딱 알아서 맞춰준다는 것이냐. 그래, 이런 게 가족이지.

"뭐 먹을라고?"

차에 오르자마자 서하를 보듬이 안았다.

"양념갈비 먹고 싶어요."

다음부턴 갈비 사와서 좀 재워놓아야겠다는 생각을 했다.

"인월에 양념갈비 잘하는 데 있냐?"

운전을 하고 있는 아들놈 등에 대고 물었다.

"뭐 별로겠지만 마당쇠라는 집이 있어요."

"거기 서하가 먹을 거는 있고?"

"된장국에 공깃밥이면 되니까요."

빗속에서 우산을 쓴 채 아내가 기다리고 있었다. 소주 두 병을 마시면서 아들놈 두 잔, 아내에게 한 잔을 부어주었다.

버려진
전등 앞에
서서

덥다. 팥죽 같은 땀이 흘러 온몸을 적신다. 들깨밭 김매기는 오전 여덟 시에 시작해서 정오에 끝난다. 그렇게 사흘을 일해야 마무리된다.

양파와 감자를 캐낸 빈 밭이랑에 들깨 모종을 심었다. 지난해 가을부터 얼마 전까지 비닐멀칭이 되어 있었는데 어디서 어떻게 그 많은 풀씨가 날아들었는지 풀이 빈틈없이 자랐다. 아직은 어린 들깨 모종을 피해가며 잡초를 뽑았다.

그나마 얼마 되지 않는 밭에 김장채소 심을 면적만큼 남기고 들깨를 심었으니 잘해야 열댓 되 정도 수확할 수 있을 것이었다.

한 되에 일만 원, 잘해야 십오만 원어치 들깨를 거둘 수 있을 것이었다.

김매기를 하면서 그만큼의 들깨를 거두기 위해 쏟는 나의 노동을 생각해보았다. 이래도 되나 싶었다. 차라리 괭이자루를 집어던지고 이 살인적인 뙤약볕을 벗어나는 게 옳겠구나 싶었다.

허리를 펴고 땀을 훔치며 건너편 다랑이논밭을 훑어보았다. 밭마다 한두 사람이 박혀 꼬물거리고 있었다. 이웃들은 밭일이 있으나 없으나 밭에 나가는 것이 습관이었다. 심을 것 다 심었고, 제초제도 다 뿌렸고, 고라니 멧돼지 방지용 그물망도 촘촘히 엮어놨으니 나가봐야 딱히 할 일도 없으련만 그래도 꾸역꾸역 밭으로 나갔다.

"내년엔 저 앞 밭뙈기를 이삼백 평 더 빌려볼까 하는데."

일전에 아내와 마주 앉았을 때 품고 있던 생각을 넌지시 꺼냈다.

"어깻죽지도 아프고 무릎도 안 좋다면서 뭐한다고 또 농사를 늘려."

아내는 단호한 말투로 받았다.

"아니, 올해 감자 양파도 잘 팔렸는데 내년엔 조금 더 늘려볼까 하고."

"보소. 그러다 몸 아파버리면 그게 무슨 소용이야?"

아내는 여전히 완고한 목소리였다.

지금 농사만으로도 힘에 부치는데 여기서 더 늘렸다간 한 해 농사도 못 버티고 주저앉을지도 모른다는 생각을 하긴 했었다. 그래도 농사를 하지 않을 순 없고, 하려면 경제적으로 도움이 되게끔 해야 하는데 올해 감자와 양파가 그나마 잘 팔려서 기대를 가지게 해준 탓이었다.

다른 일거리가 있으면 농사를 포기하는 게 더 좋을지도 모른다는 생각을 한두 번 한 게 아니었다. 아직은 경제적으로 몸을 움직여야 할 처지다 보니 이런저런 계획도 세워보았지만 뜻대로 풀리지는 않았다. 내게 맞는 일자리가 쉽게 나올 리 없겠지만 내가 적극적으로 찾아 나서지 않은 탓도 있었다.

변화가 두려운 시골 노인네의 모습으로

설령 일자리가 있다고 한들 내가 쉬 이 산골을 떠날 수 있을까 하는 생각이 들었다. 이곳을 떠나 다른 삶을 선택하고서도 지금 마음으로 살 수 있을까 하는 생각이 들었다. 내 삶에 어떤 변화를 줄 수 있을까 하는 생각이 들었다. 그 변화를 두려워하지 않고 받아들일 수 있을까 하는 생각이 들었다. 어려울 거라는 생각이 들었다. 그냥 지금 이대로가 좋다며 주저앉을 거라는 생각이 들었다.

벌써 십 년을 넘겼다. 그동안 나는 이 산골에 고립되어 살아왔고, 잠시 마을일을 한답시고 설쳤던 시절을 제외하면 농사일을 한 게 전부였다.

서울을 다녀온 게 언제였나 싶을 정도고, 교통카드 이용 방법도 잘 기억나지 않는다. 극장을 찾은 것도 언제였는지 아슴아슴하고, 서점에서 시집 한 권 고른 일도 가물가물하다.

하루 종일 만나는 사람이래야 끝묘 평상에서 모이는 몇몇이 전부고, 나누는 대화라고 해봤자 도라지 옮겨 심는 이야기며 고추 역병 문제가 전부였다. 화투치기로 면 소재지 중국집 자장면 배달시켜 먹는 날이 그나마 뿌듯한 하루였다.

휴대전화 문자메시지나 통화 기록은 하루 한두 건도 쌓이지 않았다. 전자우편함을 열어본 적도 가물가물했다. 어느새 나는 이렇게 허접한 산골 노인네가 되어가고 있었다.

나는 이제 영영 이 산골을 벗어날 수 없을 거라는 생각이 들었다. 나가야 할 일이 생겼다고 해도 결국은 안 나가겠다고 생떼를 쓸 것 같다는 생각이 들었다.

바깥세상에 부닥쳐 잘 살아갈 수 없을 것 같았다. 내게 주어지는 일을 제대로 해낼 수 없을 것 같고, 주변 낯선 사람들과 어울릴 수 없을 거란 예감이 들었다. 설령 나간다 한들 한 달을 못 버티고 비 맞은 늙은 수탉의 모습으로 돌아올 것 같았다.

가끔 다른 환경이 거북해지기 시작했다. 읍내 장날 장터거리에서도 다른 선택을 하지 못했다. 늘 가는 생선가게를 가고, 늘 가는 건어물점을 가고, 늘 가는 선술집을 기웃거렸다.

내 이웃들이 오랜 세월 그리 살아왔듯 내게도 단골집이 생겼고, 그 단골집이 아닌 다른 집을 찾아든다는 것이 낯설어서 싫었다. 나는 그처럼 제자리에 주저앉아 조금씩 조금씩 굳어가고 있었다.

우리 삶을 비춰주던 전등을 뜯어내다

"아버지. 인터넷으로 실내 페인트 작업하는 방법을 검색해보세요. 내일 페인트 와요."

며칠 전부터 집을 단장한답시고 실내 페인트를 칠하기로 했었다. 그저 대충 칠하면 되겠지 하는 생각에 아무 준비 없이 빈둥거리고 있는데 보름이가 건너와 콕 찌르듯 말하는 거였다.

"뭐, 그냥 칠하면 되는 거 아닌가?"

"아녀요. 창문틀, 전등, 가구 등등 테이핑 철저히 하고, 롤러질은 더블유 자로 해야 하고. 아무튼 인터넷 꼭 찾아보고 배워야 해요."

시키는 대로 인터넷에서 실내 페인트칠하는 방법을 검색해서 표준 방법대로 칠했다.

묵은 때가 덕지덕지 묻은 벽면이 환해졌다. 이왕에 시작한 집 단장이니만큼 전등도 엘이디 등으로 바꿔달았다. 하루 사이 거실과 주방이 눈부시게 바뀌었고, 특급호텔 부럽잖게 변했다.

"바꾸니까 좋네. 안방도 칠해요. 내일 당장!"

아내가 나를 향해 다그쳤다. 그래, 당장 안방도 확 바꿔버리기로 마음먹고 밖으로 나오니 그동안 우리 집을 밝혀주었던, 이사올 때 설치한 제법 아름다웠던 그 전등은 처참한 몰골로 쓰레기 봉투 곁에 버려져 있었다.

여기로 들어올 때 진주 시내 조명가게에서 아내와 저 등을 골라놓고 한없이 만족해하던 모습이 떠올랐다. 저 등이 밝힌 불빛 아래 모여 정담을 나누던 무수한 얼굴과 기나긴 세월이 어른거려 버려진 전등 앞에 한참을 서 있었다.

벽이 바뀌고 전등이 더욱 환해졌어도 결국 나는 내일 들깨밭에 나가 괭이질을 하고 있을 것이다. 건너편 빈 밭에 감자와 양파를 더 심어야 할 거라는 생각을 끝끝내 놓지 못할 것이다.

일그러져 가는 손가락 마디마디와 저려오는 팔다리를 주무르면서도 계속되는 이 삶을 멈출 수 없을 것이다.

내가 사랑했던 세상은 산 너머에 있고, 그렇게 나는 이 산골짜기에서 깊이깊이 가라앉을 것이라는 생각을 한다.

좁쌀 한 톨에 담긴
피 땀 눈물,
그리고 사랑

"아버지. 이거 어때요?"

보름이가 숨을 몰아쉬며 올라와 조그만 종이상자를 내려놓는다.

"예쁘네. 그게 뭐야?"

"바로 이거예요."

뚜껑을 열자 거기에 세 개의 병이 있다. 병마다 잡곡이 담겼는
데 수수와 조, 팥이었다. 며칠 전부터 며느리는 저온창고에 보관
중인 잡곡을 처리해야 한다는 말을 하곤 했었다.

"추석에 팔 선물세트를 만들어보았는데 어때요?"

"좋다. 좋아."

포장이 야무지고 예뻐서 눈에 확 들어왔다. 누가 받아도 기분 좋아할 것 같은 선물이라는 생각이 들었다. 그러나 그런 생각도 잠시였고 이내 걱정에 사로잡혔다.

"이래가지고 이거 얼마나 받으려고?"

"얼마 받을까요?"

"포장비가 꽤 들었을 거 같은데. 상자 값이 얼마야? 병은?"

"상자 값이 이천오백 원, 병은 하나에 육백 원인가? 그 정도 돼요."

"그럼 알곡 원가 따지고, 포장비 따지고, 수공비 따지면 얼마 받아야 하는 거야? 만 오천 원? 이만 원? 배송비는?"

"이만 오천 원은 받아야지요."

"이걸 이만 오천 원? 알곡 값이 얼만데? 곡물은 값이 정해져 있어서⋯⋯."

"아휴, 아부지. 충분히 그럴 만한 가치가 있어요."

내가 하는 걱정엔 아랑곳없이 아들놈이 핀잔하듯 가격을 정한다. 며느리와 아내도 맞장구를 쳤다. 그 정도는 충분히 받을 법도 하련만 나는 자꾸만 걱정이 더해지는 것이었다. 결코 잘 팔릴 것 같지 않다는 불길한 예감에 포장 상자를 애지중지 여기는 가족들 보기가 미안했다.

노샌댁 잡곡 한 톨에 땀, 한 톨에 눈물

지난해 이맘때, 이웃들과 모이는 평상 건너편 언덕배기 노샌댁 밭은 하루 종일 요란했다. 수수와 조와 기장을 심은 밭이었다. 이삭이 고개를 숙이기 시작하면서부터 노샌댁은 밭에서 살다시피 했다. 희뿌옇게 동이 터올 때부터 어둠이 내리기 시작할 때까지 한시도 밭을 떠나지 못했다. 그렇게 한 달 가까운 세월을 살았다.

새를 쫓는 일 때문이었다. 구름장 같은 새떼가 수수밭에 내리면 노샌댁은 찌그러진 양은 다라를 요란하게 두들기며 새떼가 내려앉은 밭 귀퉁이를 향해 달려갔다. 새떼는 무리지어 떠올랐지만, 잠시 떠오른 새떼는 한 바퀴 휘돌다 그 커다랗고 기다란 밭의 빈 구석에 다시 앉았고, 노샌댁은 다시 새떼가 내려앉은 곳으로 달려갔고, 새떼는 다시 솟아올랐고. 그게 노샌댁의 하루 일과였다.

그렇게 가을이 깊어 마침내 추수철이 다가왔다. 노샌댁 마당은 연일 도리깨질 소리가 울려퍼졌다. 그 많은 조와 기장을 도리깨질로 털었다. 초벌털이에 두벌털이까지 열흘 넘게 도리깨질은 계속되었다. 다음은 키질이었다. 껍질과 검불을 털어내기 위한 키질은 사흘을 넘겼다. 그렇게 해서 자루에 담긴 알곡만 열댓 가마쯤 되어보였다.

"아지매. 조와 수수를 내가 좀 사려고요. 팔 거지요?"

탈곡이 끝나고 창고에 자루를 쌓아둔 뒤에서야 나는 노샌댁을 찾았다.

"그럼 팔아야지요. 얼마나 살라고?"

노샌댁은 마당 컨테이너 창고 열쇠를 챙겨 나오며 환하게 웃었다. 새를 쫓을 때나 도리깨질을 할 때, 키질을 할 때는 어디에 저런 표정을 감추어 두었을까. 비낀 햇살 받은 한 조각 새털구름 같은 표정이었다.

"얼마나 해요? 키로에."

"몰라. 아직 금이 안 나왔어. 농협에서 수매를 해야 금이 나오지."

"아, 그럼 내가 농협에서 주는 돈보다 열에 하나 더 계산해서 드릴게요. 그럼 되겠지요?"

"아, 그럴 거까지는 없고, 그냥 농협에 내는 금으로만 쳐주면 되지."

나는 조와 기장과 수수를 각각 세 가마씩 샀다. 조그맣게 포장해서 민박 손님들께 팔기도 하고, 아직도 이런 잡곡을 생산하는 우리 마을을 자랑도 하고 싶어서였다.

잡곡을 선물하는 세상은 이제 사라졌다

잡곡을 사긴 샀으나 도정이 문제였다. 수소문을 해도 근처 방앗간은 잡곡 도정은 하지 않는다고 했다. 특히 문제가 되는 것은 낟알이 작은 조와 기장이었다. 그나마 찾아낸 가장 가까운 방앗간도 수수까지는 빻을 수 있어도 조와 기장은 어렵다고 했다. 수수 빻는 기계에 조와 기장을 넣으면 겨가 잘 빠지지 않는다는 거였다. 울며 겨자 먹기로 산청 생초에 있는 방앗간에서 도정을 했는데 아니나 다를까 조와 기장은 겨와 알곡이 그대로 섞여 나왔다.

"아지매. 내가 또 부탁을 드리러 왔습니다."

나는 뒷머리를 긁적이며 다시 노샌댁을 찾았다.

"오늘 산청까지 가서 서숙하고 기장을 빻아왔는데 이게 다 섞여 나와서 다시 손을 봐야 한대요. 우리는 할 수도 없고, 품삯은 드릴 테니 아지매가 어찌 좀 해주시면 좋겠는데."

"아이고, 해드려야지. 싣고 오소. 내 바쁜 일 좀 끝내놓고 해줄게."

노샌댁은 꼬박 이틀을 키질에 매달렸다. 노샌댁 마당과 마루는 온통 샛노랗게 조와 기장의 겨가 두껍게 쌓였다. 노샌댁도 말이 아니었다. 눈과 입만 그 윤곽이 보일 뿐 얼굴이 온통 겨에 덮였다. 품삯도 품삯이지만 이런 일을 시킨 것이 미안해 일이 끝날 때까지 집 앞을 얼씬거릴 수조차 없었다.

키질만으로 일이 끝난 것도 아니었다. 워낙 낱알이 작다보니 미세한 모래알갱이가 섞이는 것이었다. 아내는 키질을 마친 조와 기장을 큰 다라에 넣고 물로 씻어서 미세한 모래를 걸러내고 다시 말리는 작업을 했다. 마른 알곡을 자루에 담는 것으로 잡곡 생산의 대장정은 막을 내렸다.

좁쌀 한 톨이 안고 있는 땀과 눈물과 사랑이 아무리 아름답다고 해도 저 선물세트는 잘 팔리지 않을 것이다. 그 사랑과 눈물과 땀을 아무리 정성껏 담아냈어도 저 선물세트는 잘 팔리지 않을 것이다.

이 세상은 잡곡을 선물하는 세상이 아니다. 이 세상은 땀과 눈물과 사랑을 선물하는 세상이 아니다. 정성을 선물하는 세상이 아니다. 주는 이가 즐거워하고 받는 이가 기뻐하는 선물의 세월은 갔다.

며느리가 만든 저 선물세트를 앞에 둔 아침, 나마저도 저 선물세트를 선물하고 싶은 곳이 마땅히 떠오르지 않는 이 아침이 서글프다.

내 삶의
가장
빛나는 시간에

수박이 많이 달렸다. 축구공만 하게 큰 놈도 더러 있다. 참외도 주렁주렁 달려 노릇하게 익어가고 있다. 수박과 참외를 밭에 심어 따먹는 일은 농사일 중에서도 가장 폼 나는 일이었다. 우리가 먹기 위해 몇 포기밖에 심지 않지만 수박은 가장 공을 들여 가꾸는 작물이었다.

밭을 빌려 농사를 처음 시작한 그해 수박 모종을 심어놓고 아침 일 절반을 수박에 쏟았었다. 이웃으로부터 수박 가꾸기 강의를 들었고, 그에 따라 매일매일 한 뼘 넘게 자라는 곁순을 따주어야 했다. 수박 열 포기 심어 열 덩이의 수박을 따먹었던 그해,

수박을 쩌억 갈라 벌건 속살을 만났을 때의 희열은 이만저만이 아니었다.

어디 그뿐이던가. 수박을 크게 키웠다는 칭찬, 그리고 자연의 맛과 향이 난다며 감동하는 가족 앞에서 나는 성취감의 절정을 맛보고 있었다. 그래서 해마다 먹을 만큼 수박을 심었고, 해마다 수박농사는 성공했다. 쉽게 만나기 힘든 무농약 무비료 노지수박을 마음껏 따 먹을 수 있게 하였다. 하우스수박에 비해 당도는 덜했어도 가족들은 내가 따온 수박 앞에서 한없는 만족감을 보여주었다.

무능한 가장의 자존심으로

나는 일찍이 가족들로부터 칭찬 받을 일은 못하고 살았었다. 나이 쉰 살에 이르러 여기 산골로 들어올 때 가진 재산이래야 전세 보증금 이천 오백만 원과 예금 일천여 만 원이 전부였고, 그마저도 억척스레 살아온 아내가 모은 것이었으니 가장으로써 빵점짜리 삶을 산 셈이었다.

환경운동한답시고, '환경운동은 이 세상에 정말 필요한 일을 하는 것'이라면서 내 삶의 흥허물을 스스로 덮었다. 궁핍하게 사는 가족들을 알게 모르게 윽박지르며 살아온 삶이었다.

아내와 아들녀석은 이 눈치 저 눈치 봐가며 무능한 가장의 자존심을 건드리지 않으려 애썼을 것이고, 그런 줄도 모른 채 나는 돈키호테처럼 우쭐거리며 세상을 넘나들었을 것이었다.

그러는 사이 저소득층으로 전락한 내 삶은 고등학생이 된 아들녀석에게 수업료를 면제받는 자존심 상할 일을 안겨주었다. 아내는 음식점을 전전하는 찬모가 되어 있었다.

열 평 남짓한 단독주택 이층에 세 들어 살면서 벽지 한번 새것으로 바꿔보지 못한 삶이었다. 그리고 그것은 내게 있어 당연한 삶이었다. 그래야 부끄럽지 않을 줄 알았다. 그래야 당당할 줄 알았다. 그래야 뭐든 이룰 수 있으리라 여겼다.

그러던 어느 시점에 이르렀을 때였다.

어디까지일까. 내 삶의 절정은 어디까지인가가 문득 궁금해지기 시작했다. 너무 멀리까지 와버린 것은 아닐까 하는 생각이 들기 시작했다. 돌아가야 할 거리가 너무 멀고 험하면 어쩌나 하는 생각이 들었다.

연줄도 학벌도 배경도 없이 정의감만으로 시작한 삶이라는 것을 깨달았을 때 두려움에 몸을 떨었다. 컴컴한 공간이 필요했다. 솜이불을 뒤집어썼다. 어둠 속에서 식은땀을 흘리며 내 삶의 영역은 여기까지라는 생각을 했다.

열심히 했으나 언제나 모자랐다. 이런저런 것에 반대했고, 이런저런 일로 다투었다. 내가 바란 세상을 세월은 비켜 흘렀고, 그렇게 흐른 세월 속에서 내 열정적인 행위의 결과는 언제나 절망적인 모습으로 되돌아왔다.

'조금만 더'를 가슴에 품었다

나는 많이 거칠어졌고, 상해 있었다. 내가 서 있던 자리는 언제나 백지 위였고, 끄트머리였다.

그때부터였을 것이다. 내가 더 이상 내 삶에 진전은 없을 것이라는 판단을 하면서부터 나는 아들녀석을 쳐다보기 시작했다. 나 스스로 만족하지 못한 세상을 살았으므로 녀석이 그 아쉬움을 달래주리라는 기대를 가지기 시작했다.

법관이 되기를 바랐고, 언론인이 되기를 바랐다. 교육자가 되기를 바랐고, 시인이 되기를 바랐다. 내가 성취하지 못한 삶의 영역을 저라도 차지해주었으면 하는 바람을 녀석의 어깨 위에 걸쳐두고 있었다.

그러나 녀석은 전혀 계층 이동을 이루어주지 못했다. 백일장에 나가기만 하면 상장을 받아오던 녀석은 삼류시인도 되지 못했고, 백과사전에 파묻혀 살던 녀석은 허튼 논객도 되지 못했다. 산골의 작은 환경단체를 직장으로 잡았으니 밥벌이도 모자랄 지경이었다.

아주 가끔 삶의 의미를 생각한다. 크게 곤궁하지 않은 살림살이면 족하다는 이도 여럿 만났고, 좋은 벗님 몇몇만 남겨도 성공한 삶이라는 이도 더러 있었다.

그러나 내게 더 많이 가지려는 사람들이었고, 더 높이 오르려는 사람들이었다. '딱 거기까지만'으로 만족하는 이는 결코 본 적이 없었고, 모든 이가 '조금만 더'를 가슴에 품고 살아가는 세상이었다.

어느새 욕심쟁이가 된 나 자신을 돌아보며

"너도 이제 시를 써서 문단에 정식으로 등단도 해보지 그러냐."
언젠가 문득 아들녀석에게 내뱉은 말이었다. 등단의 가치를 인정하지 않는 녀석은 그저 흘끔 쳐다볼 뿐 별 말이 없었다.
산골에 살면서 시인이란 칭호를 가지고 살았으면 하는 생각에서였고, 그래야 이 산골로 시집 온 보름이에게 덜 미안할 것 같았다. 살아가는 데 도움이 될 거라는 생각도 들었다.

신춘문예의 계절이 다가오면 녀석이 응모하기를 은근한 마음으로 기다리기도 했다. 그러나 그것은 아들이 무엇인가 이루기를 바라는 아버지의 욕심일 뿐이었다.

"그렇게만 살지 말고 자그맣게 요리교실이라도 열어보든가 하지."

언젠가 문득 아내에게 한 말이었다. 아내는 아예 얼굴조차 돌리지 않았다. 민박집 주인으로 반찬이나 만들고 있는 아내가 못마땅한 적이 한두 번이 아니었다.

아내의 음식에 대한 애정과 철학을 잘 알기에 권한 말이었다. 배운 것을 베풀고 스스로 성취감을 느껴보라는 마음에서였다. 그러나 그 또한 고생만 시켜온 아내에게 덜 미안할 것 같아서 내뱉은 지아비의 욕심일 뿐이었다.

나는 이미 여기까지 와버렸으므로 아들녀석과 아내가 '조금만 더' 해주기를 바라는 욕심쟁이 노인네의 모습만 남았다.

내 삶에도 새로운 꽃송이가 피어나고 있다

뒷마당에서 수탉이 홰를 치며 운다. 들창이 밝아온다. 문득 달력을 쳐다보았다. 손 꼽음을 해본다. 오월 말에 수박꼬투리 꽃이 떨어졌으니 이제 따 먹을 때가 되었다.

수박에 얼굴을 파묻고, 볼에 수박씨를 붙인 손녀의 모습을 상상하니 빙그레 웃음이 난다.

"정말 수박 맛이 제대로 나요. 역시 아버님이 최고."

엄지 척을 보이고, 환하게 웃을 며느리의 모습을 떠올리니 절로 어깨가 우쭐거린다.

나는 안다. 이것이 행복이라는 것을. 내 삶에 찾아온 아름다운 사람들과 모여 앉아 수박을 쪼개고, 수박의 벌건 속살을 마주했을 때가 내 삶에 가장 빛나는 시간이라는 것을. 수박의 맛과 향에 감격하는 동안 내 삶의 꼬투리에도 새로운 꽃송이가 피어난다는 것을.

그리고 나는 안다. 모든 것을 남겨두고 문득 이 산골로 스며들려 했을 때의 헐벗은 듯한 느낌이 이제부터 조금씩 지워지고 있다는 것을. 지금부터 걸어가는 내 삶의 발걸음이 더 이상 낯선 미로를 좇지 않는다는 것을.

처음으로, 왔던 곳으로 천천히 되돌아가고 있다는 것을.

그동안
나의 세상은
무정했네

"아저씨. 우리 스무고개 해요."

"스무고개? 좋지. 그런데 해보나마나 내가 이길걸?"

"이번에는 자신 있어요."

생글생글 웃으며 하연이가 무릎걸음으로 다가와 앉는다. 하연이는 벌써 몇 년째 어머니를 따라 우리 집에 민박을 온다. 코흘리개였던 아이가 벌써 초등 오학년이 되었다. 젖먹이였던 동생은 내년이면 입학을 하는 나이가 되었으니 이 가족과 인연을 맺은 지도 어느새 오 년쯤 되었다.

하연이는 '잠자리'를 문제로 냈고, 나는 '화투'를 문제로 냈으니 승부는 보나마나였다. 일고여덟 번 물어보고 답에 접근할 무렵 하연이가 낸 문제는 하연 엄마가 맞혀버렸고, 내가 낸 문제는 아내가 맞혀버렸다. 물어보고 답하면서 우리는 배꼽을 잡고 웃었다. 밖은 쨍쨍 햇살이 퍼붓는데 하연이와 마주한 시간은 얼마나 신선했던가.

"아이구, 잘 계시지요?"

소식도 없이 느닷없이 찾아온 손님이 불쑥 문을 열었다.

"애들이 학교 프로그램으로 지리산 종주를 하는데 지원팀으로 슬쩍 끼어 왔습니다. 백무동에 숙소를 잡아뒀는데 그 집보다는 여기가 좋아서 거길 비워두고 와버렸어요. 빈방 있지요?"

그이는 뒷머리를 긁적이면서 가방을 풀어헤쳤다. 몇 개의 술병이 굴러 나오고 소중하게 싼 손녀 서하의 옷 한 벌도 거기 있었다. 아내는 부랴부랴 안주를 장만하고 우리는 마주 앉자마자 술병을 땄다. 치과의사인 그이도 가족과 함께 우리 민박을 자주 이용하는 단골이었다. 누추한 우리 집이 뭐가 좋다고 좋은 잠자리 다 놔두고 여기까지 건너왔을까.

감자전과 삶은 닭을 앞에 놓고 술잔을 나눴다. 이런저런 이야기들이 오갔다. 요즘 들어 부쩍 말썽을 부리는 치아 이야기와 농사 이야기가 흘렀다. 치과의사인 그이는 치아 이야기보다 농사

이야기에 더 귀를 기울여주었다. 그을린 내 얼굴을 배려하는 마음 씀씀이가 고왔다.

보잘 것 없는 산골 농부를 걱정해주는 손님들

"아침밥은 몇 시에 하세요?"

가운뎃방을 쓰는 승민 엄마의 상냥스런 목소리다.

"왜요?"

"사모님 반찬 만드는 거 배우려고요. 그래도 되죠?"

지난해부터 우리 민박집을 찾기 시작한 승민네는 만나자마자 편안한 식구가 되었다. 아내는 실력도 보잘 것 없는데 뭘 배우냐며 손사래를 쳤지만 다음 날 새벽부터 승민 엄마는 우리 주방에 나와 미리 기다리고 있었다.

멀리 진주 중앙시장 새벽장까지 봐와서 아귀찜을 만들고, 장터 난전에서 사온 돼지머리 고기를 썰어 안주로 삼으며 더위와 가뭄을 걱정했다. 보잘 것 없는 산골 농부를 걱정해주는 손님들 앞에서 나는 기분 좋게 술잔을 비웠다.

저녁나절엔 이 방 저 방 손님들이 모두 모여 고기를 구웠다.

아이들 키우는 이야기와 세상 살아가는 이야기가 어우러지면서 평상이 왁자했다. 마당엔 강아지와 고양이들이 옹기종기 모여앉아 아이들이 던져주는 고기조각을 날름날름 받아먹고 있었다. 모깃불 매캐한 연기 사이로 화성이 붉은빛을 내며 떠오르는 아늑한 밤이었다.

나는 잠시 자리를 비켜 멀찍이 앉아 그런 모습을 바라보고 있었다. 구운 고기를 상추쌈에 싸서 정성껏 아이의 입에 넣어주는 어비이의 모습이 보였다. 장작불 앞에서 땀을 뻘뻘 흘리며 가족들이 먹을 고기를 굽는 이의 즐거운 표정이 보였다. 아름답고 행복한 모습이었다. 한낮의 더위는 제풀에 꺾이고 제법 시원한 바람이 목덜미를 감고 지나갔다.

이 산골에 들어와 민박을 시작하고부터 만난 이런 풍경은 그러나 한동안은 생소하고 낯설어서 가까이하기에 어색하기까지 했었다. 함께 먹자는 손님들의 권유에 다른 일을 핑계로 피하기도 했고, 엉거주춤 끌려갔다가도 슬그머니 자리를 떠나기 일쑤였다.

그런 분위기에 적응하지 못하는 나를 보며 아내는 '사회운동하는 사람들의 고질적인 병'이라며 못마땅해했다. 손님들과 살갑게 지내며 이야기도 들어주고 술잔도 건네는 것이 주인 된 도리련만 나는 그처럼 융통적인 습관을 가지지 못한 상태였다.

의무가 아닌 희생으로 점철된 가족들의 삶

그랬다. 내 청춘의 일기는 언제나 그랬다. '정의'를 알고부터 나는 소위 '투쟁'이라는 것을 하게 되었다. '저항'은 일상으로 고착되었다. 대하는 모든 사람들은 한길로 걸어가는 '동지'이거나 그 길을 거부하고 외면하는 '남'이거나 우리에게 저항하는 '적'이었다.

나는 늘 '동지'와 함께 있었고, '적'과 대척점에 있었고, '남'의 존재를 잊고 살았다. 그 흔한 동창회 한번 나가지 않았다. 향우회가 빈번히 열렸어도 얼굴 한번 내밀지 않았다. 숱한 일가친척들 모임도 마찬가지였다. 외곽에서 조그만 공장을 운영한다는 얼굴도 아슴아슴한 초등학교 동창 녀석이 환경감시단에 걸렸다며 상담전화를 해왔을 때도 나는 지극히 사무적이었다. 그것이 운동가의 원칙적인 자세라고 믿었다. 그래야 좋은 세상이 온다고 믿고 있었다.

대개 그랬다. 이웃에 누가 사는지도 몰랐고, 그 이웃의 살림살이는 관심 밖이었다. 어쩌다 아내가 이웃 여인네들과 노닥거리는 것을 볼 때면 얼굴을 찌푸렸다. '우리 편'이 아니라는 이유로, '부정'을 방임하는 무리로 낙인찍어 멀리하였고, 한겨레신문이 문간에 놓여 있는 집 앞을 지날 때는 반가운 마음에 주위가

다 환해지는 느낌이었다.

그런 나를 가장으로 둔 아내와 아들도 꼼짝없이 나를 따라야 했을 것이었다. 행복은 성적순이 아니라는 말을 믿었고, 학교에서 두발자유화 운동을 하는 아들을 대견스러워했다. 생일이나 결혼기념일에 제대로 된 선물 하나 챙겨주지 못했어도 아내는 내 곁에 있어야 한다고 다그쳤다. 그러한 가족들의 삶이 '의무'가 아니라 '희생'이었다는 사실을 알게 된 때는 그리 오래되지 않았다.

언제나 내 주장이 옳았고, 내 행동이 정당했고, 내 꿈이 밝았다. 좋은 세상은 금세 다가올 것 같았다. 그런 세월을 살았다. 그리고 맞이한 어느 가을날. 투쟁을 함께해온 마을이 사업자 편으로 돌아서버렸다는 소식을 접했다. 황망하고 쓸쓸했다. 거리에 낙엽은 무리지어 뒹구는데 안타깝게도 술 한잔, 말 한마디 함께 나눌 만한 사람은 내 곁에 아무도 남아 있지 않았다.

그래, 그동안 나의 세상은 무정했어. 세상도 내게는 무심했어. 이제는 나도 좀 달라져야 해. 어느새 심심산골 여기까지 흘러오지 않았나. 좀 달라진다고 누가 뭐라겠는가. 내가 달라진다고 뭐가 얼마나 바뀌겠는가.

모든 직원을 정규직화했다고 꼭 오뚜기 라면만 먹어야 할 필

요는 없어. '불나비'나 '광주출정가'보다야 최백호의 '낭만에 대
하여'가 훨씬 서정적이지. 나날이 빠져나가는 머리카락을 위해
고급 샴푸도 써가면서 살아야겠어.

보낼 것은 보내고, 잊을 것은 잊고

아내와 함께 티브이드라마 〈미스터 션샤인〉을 보며 김태리와 이
병헌의 애증에 가슴도 아파해야지. 고기를 굽는 저 평상도 기웃
거리고, 벤츠를 타고 온 서재방 노부부를 불러내 담근 술도 한잔
건네야지. 그러면서 사업 이야기, 돈 버는 이야기도 웃으면서 들
어줘야지. 고향 친구들 모임도 끊어버린 아내의 밀린 회비도 챙
겨주고, 며칠 뒤에 있을 동창회도 나가봐야지.
　이리 밀치고 저리 부대끼면서 살아온 그간의 세월 속에 무엇
인가 껴 있었을 이질적인 감정은 이제 모두 긁어내야 해. 내 삶
에 기생하면서 나를 이리저리 몰고 다닌 그 감정은 이제 활활 타
오르는 저 장작불에 태워버려야 해.
　그리고 나는 그 아득한 기억으로부터 탈출해야 해. 그 광장,
그 거리, 그 함성으로부터 돌아와야 해. 가까이에 있는 사람을
만나고, 즐거운 대화를 나누고, 부드러운 시를 써야 해. 그래도

돼. 내겐 그럴 권리와 자격이 있어.

밥과 고기와 이야기를 나누면서 그치지 않는 저 웃음소리. 내 눈앞에 평화가 있고, 내 눈앞에 행복이 있고, 내 눈앞에 정이 있고, 내 눈앞에 새 세상이 있었다. 그래, 저렇게 사는 게 세상이고 사람이지. 어쩌다 문득 그리움에 발돋움도 하겠지만 놓을 것은 놓고, 보낼 것은 보내고, 잊을 것은 잊어버려야지.

꽃밭을 넘어온 바람에 모깃불 연기가 한 움큼 실려 왔다. 눈이 쓰렸다. 급히 고개를 돌리는데 또르르 한 줄기 뜨거운 눈물이 볼을 굴렀다.

나이와 함께
몸도
저물기 시작했다

"뭐, 뭐라고?"

"아니, 내 말이 안 들려요? 귀가 가나봐."

"당신이 말을 좀 알아듣게 해야지."

곁에 앉은 아내가 뭐라고 말을 하는데 도무지 알아들을 수가 없었다. 요즘 들어 걸핏하면 이런 모습을 보여왔다. 특별히 낮은 목소리로 말하는 것도 아닌데 가끔씩은 못 알아듣곤 했었다.

내가 다른 생각에 열중할 때 아내가 느닷없이 말을 해와 못 알아듣는 거라고 생각했었다. 그런데 결코 그런 것만은 아니었다. 전화통화를 할 때도 '뭐라고? 뭐라 했는데?'라며 되묻기 일쑤였다.

"당신이 뭔 말을 할 때면 자꾸 목소리가 커지는 거 같아."

일전에 아내와 대화를 하면서 나도 놀랄 정도로 내 목소리가 커져 있는 것을 알았다. 처음엔 조곤조곤 시작했던 목소리가 어느새 커져버리는 것이었다. 귀가 문제라는 진단이었다. 잘 알아듣지 못하면 목소리가 커진다는 거였다.

무덤덤하게 지나가는 해넘이와 해맞이

"앗따. 그거 되게 아픈데……"

발뒤꿈치가 갈라져 많이 아팠다. 머큐로크롬을 바르고 일회용 밴드를 붙이는데 곁에 앉아 있던 민박 손님이 안쓰러운 듯 말했다.

"그러게요. 왜 겨울만 되면 이렇게 갈라지는지 모르겠네."

발을 이리 비틀고 저리 끌어당기며 발뒤꿈치 갈라진 틈에 약을 발랐다.

"그게 다 나이 먹어서 그런 현상이 생기는 겁니다."

"나이 먹었다고 다 그러나? 이제 겨우 환갑 지났는데. 나보다 나이 더 먹은 사람들은 아예 걷지를 못하겠네?"

나이 먹었다는 말에 약간 서운한 맘이 들었다. 내 목소리가 조금 퉁명스럽게 변했다.

"손톱가는 괜찮으세요? 거기는 안 갈라지세요?"

"거기도 갈라지지. 이렇게 밴드 붙여놨잖아요."

나는 밴드가 감겨 있는 엄지를 들어보였다. 겨울에 들면서 손톱가가 갈라져 아프고 불편하기 일쑤였다.

"나이 들면 심장의 펌프질이 약하거나 혈관이 노쇠해 신체의 끝부분까지 피와 영양물질 공급이 안 돼 그렇게 갈라지는 거래요. 피부가 건조해지는 계절이어서 겨울에 주로 그런 현상이 나타난대요."

손님은 의사처럼 친절히 말해주었다. 나도 모르는 사이 고개를 주억거리고 있었다. 그렇구나, 나도 나이를 먹긴 먹었어.

크리스마스를 넘기고 새해까지 민박 손님이 끊이질 않았다. 빈방이 없는 날도 많았다. 바쁜 나날이었다. 마지막 손님이 떠나고 집을 치웠다. 마당을 쓸고, 마당가 수북이 쌓인 쓰레기를 정리하고, 아궁이를 가득 채운 재를 치고, 이부자리를 걷어냈다.

고요한 마당에 서서 청명한, 그래서 눈이 부신 겨울하늘을 바라보다 집을 나섰다. 가끔 산책하는 마을 뒷길을 걸었다. 어느새 해는 바뀌어 있건만 오늘이나 어제나였다. 마음엔 무슨 기대나

설렘도 없었고, 무덤덤하게 지나버린 해넘이 해맞이였다.

"나 정 서방과 초하룻날 부산 엄마 보고 왔소."

이제 한가한 날들이니 부산요양병원 어머니께 가봐야겠다는 생각을 하며 비탈길을 내려오는데 마산 사는 여동생에게서 전화가 왔다.

"그래, 고맙다. 정 서방께도 고맙다고 전해주고. 어머니는 좀 어때?"

"지난번보다는 좋아 보입디다. 말도 많고."

"그래 나도 한번 가볼라고 그런다."

"내가 다녀왔으니 며칠 더 있다 댕겨가소."

문득 어머니가 생각났다. 병상에 누워 당신 스스로 몸을 일으키지도 못하시는 어머니. 그러면서도 멀건 죽을 남김없이 드시는 어머니. 해를 넘겼으니 올해 아흔 다섯이다.

희지 않을 것만 같았던 머리카락은 온통 은빛이고, 틀니마저 끼지 못한 하관은 볼품없이 눌러 붙어 있었다. 얼굴을 반쯤이나 덮어버린 검버섯은 당신의 거친 인생길만큼이나 흉했다.

산등성이 끝자락에서 솔개 한 마리가 빙빙 타원형을 그리며 날고 있었다.

시간이 흐를수록 나이를 먹는 일이 점차 두려워진다

어머니를 생각하니 늙어가는 내 모습이 무척이나 처량하다는 생각이 들었다. 귀가 잘 안 들리고, 목소리가 커지고, 발뒤꿈치가 갈라지는 내 몸이 언제 어떻게 변할지 두려운 생각도 들었다.

결혼 십 년차엔가 기념으로 나누어 낀 반지가 이젠 비누칠을 해도 빠지지 않는다. 농사일로 손가락 마디마디가 보기 흉하리만치 굵어졌다. 귀밑머리도 더 희어졌다. 해가 바뀔 때마다 돋보기도 바꿔야 할 지경이다. 비탈길을 걸을 때면 무릎이 뜨끔거린다.

일흔을 지날 즈음 내 몸은 어떻게 변해 있을까. 가는귀가 먹지나 않을까. 잔소리가 늘어 가족들을 괴롭히지나 않을까. 머리카락은 얼마만큼이나 하얗게 물들까. 무릎이 아파 혹시 지팡이를 짚고 다니지나 않을까. 밤마다 요강을 방에 들이지는 않을까. 이빨이 많이 상해 틀니를 끼고 지낼지도 몰라. 그렇게 나이를 먹고 여든을 앞두면.

"나도 언젠가는 저 아래 요양원으로 들어가겠지."

며칠 전 밥상머리에서 내가 중얼거린 말이 떠올랐다.

밥상을 물리고 민박 손님들과 마주 앉아 차를 나누면서였다. 농사 이야기가 나오고, 농사가 남기는 골병 이야기가 나오고, 나이 이야기가 나오고, 나이보다 젊어 보인다는 이야기가 나오고, 행복 이야기가 나오고, 어찌어찌 살아야 행복하다는 이야기가 나왔다.

회사에 다닌다는 그 젊은 손님이 부러웠고, 장난감 가게를 한다는 그 젊은 손님이 부러웠다. 강단진 체구의 그 젊은 소방관이 부러웠고, 조선소에 부품을 납품한다는 그 젊은 노동자가 부러웠다. 그들의 현재와 미래가 눈부시게 부러웠다.

"사장님도 세상을 참 잘 사셨어요."

"세상에서 사장님만큼 행복하게 사는 사람도 드물어요."

기끔 이런 말을 듣기도 하지만 세상의 끝에서 만나게 될, 혹은 이 행복한 삶의 끝자락에서 만나게 될 아득한 그 무엇이 왜 나이를 먹어갈수록 자꾸만 두려워지는 것일까.

마을로 올라오는 골짜기 초입, 이층건물 요양원이 지는 햇살을 받아 더욱 또렷이 드러나 보였다.

다시
새 봄을
기다리며

마당에 내려서자 새벽 별자리는 어느새 봄.

이제 곧 아침이 오고, 세상은 새로운 모습을 내 앞에 펼쳐놓 겠지.

내년부터 받는 걸로 알고 있던 국민연금을 올해부터 받게 된 다는 사실을 엊그제 알았다. 삼월이 생월이니 사월부터 매달 꼬 박꼬박 받게 된다. 이 살림살이에 오십만 원은 큰돈이다. 그것도 내년부터 받을 걸로 알고 있었는데 올해부터로 한 해가 당겨졌 으니 일 년 동안 공돈처럼 받게 된 셈이다.

"이십 년 된 저 냉장고부터 바꾸자."

그런 사실을 알고 아내와 맨 처음 나눈 말이 이랬다.

오래되어 군데군데 칠이 벗겨지고, 웅웅거리는 소리가 귀에 거슬릴 정도로 집 안을 울리는 냉장고였다.

"무이자 할부로 냉장고 바꾸고, 대여섯 달 모아 화목보일러 바꾸자."

화목보일러는 외벽으로 물이 샌다. 바가지를 받쳐놓으면 하루한 바가지씩 찬다. 게다가 물을 공급해주는 기능이 고장 나 매일아침 한 양동이의 물을 받아 보일러 뚜껑을 열고 부어주어야 한다. 이 일로 화목보일러를 가동하고부터 집을 비울 수가 없었다.

"다음 겨울이 오기 전엔 아래채 마루에 미닫이문을 달자."

아래채 미닫이문은 지난해 하려던 일이었다. 방바닥은 절절 끓어도 추운 날은 외풍에 코끝이 시렸다. 눈보라가 치면 마루까지 쌓이고, 비바람이 치면 방문 창호지까지 적셔놓기 일쑤였다. 그래서 자구책으로 비닐천막을 쳐놓았는데 민박 손님들 불편이 이만저만이 아니었다.

그리움도 기다림도 잃어버린 삶

산골 살이 십 년이 지나자 우리 살림살이도 많이 너덜너덜해졌
다. 손볼 곳이 한두 곳이 아니다. 문제가 생길 때마다 땜질하듯
손보니 집도 흉하게 변했다. 옆벽은 미관상 나무판자를 덧대었
지만 보이지 않는 뒷벽은 방한용 스티로폼 조각을 접착제로 붙
여놓았다.

여기저기 전등을 끌어내느라 전선도 거미줄처럼 얽히고설켰
다. 마루도 틈이 크게 벌어져 한 짝이 비스듬히 내려앉았다. 흙
벽도 온전치 못하여 군데군데 떨어져 나갔고, 문살도 성한 곳이
없다. 무거운 시멘트 기와를 얹은 아래채는 지붕도 기운 곳이 많
아 시원찮다.

이런 집을 멍하니 바라보노라면 마치 내 인생을 보는 듯하다.
낡고 기울어버린 집, 그런 인생이 우두커니 앉아 있는 집. 그러
나 어디서부터 손봐야 할지 엄두가 나지 않는 집, 그런 모습을
한 인생이 멀뚱멀뚱 바라보는 집.

올해 들면서 내 삶은 이상하리만치 무디어지는 느낌이 들었
다. 식어가는 느낌이 들었다. 무슨 일에든 크게 흥미를 느끼지
못하고 있었다. 매일매일 출근하다시피 하는 이웃집 사랑방 출

입도 뜸해졌고, 텔레비전 뉴스채널도 시큰둥해졌다. 지난 여름 태풍에 부러져 말라가는 나무가 널렸는데도 화목용 나무 한 짐 해오지 않았다.

산촌생태마을 운영을 다시 해보라는 마을 사람들 말도 귀찮았다. 경남 녹색당 총회도 언제 지나갔는지 모르겠고, 경남작가회의 모임은 지나고 한참 만에 기관지를 우편으로 받은 뒤에야 알았다. 귀농·귀촌자들 모꼬지모임도 시들해졌고, 술잔을 드는 날도 많이 줄었다. 어제는 엄천강 소수력발전소 문제로 이웃 마을에서 주민들 설명회가 있었는데도 그냥 아랫목에 드러누워 있었다.

그리움도 기다림도 잃어버린 삶이었다. 외로움도 쓸쓸함도 잊어버린 삶이었다. 종주머질을 하거나 기괴침을 뱉기도 싫은 삶이었다. 올해 겨울 내 삶은 이렇듯 침잠하고 있었다. 스스로 뺨을 때려보기도 하련만 이제 그러기가 싫었고, 스스로 길을 나서도 보련만 차라리 이렇듯 주저앉는 것이 편했다.

날이 밝으면 다시 이 낡은 집 앞에 서리라

국민연금을 받게 된다니. 나라에서 챙겨주는 복지기금을 받게 된다니. 이십 년 된 저 낡은 냉장고를 바꾸고, 고장 난 화목보일러를 바꿀 수 있는 국민연금을 받게 된다니. 아, 벌써 거저먹고 살 수 있는 연금을 받게 된다니. 일 없이 뒷방에 나앉았어도 충분할 나이를 먹었다니.

'아버지는 좋겠네. 용돈 걱정 안 해도 되고.'

'당신은 좋겠다. 읍내 장에도 눈치 안 보고 가도 되고.'

내가 맞이할 새로운 봄은 이렇게 다가왔다. 한 시절 그 치열함을 잃어버린 채 이렇게 흐느적거리며 다가왔다. 그 날카로움도, 그 뜨거움도 사위어버린 채 이처럼 눅눅하게 다가왔다. 그 폭풍과 파도와 번개의 나날을 건너 이렇듯 건들건들 찾아와버렸다. 식어버린 국수를 먹고, 간고등어 한 손 사들고, 느지막이 집으로 돌아가는 완행버스를 타는 장날이 보였다.

아니야. 이렇게 살 수만은 없지.

날이 밝으면 다시 집 앞에 서야지.

묵직한 망치를 들고 너덜너덜해진 저 낡은 집 앞에 서야지.

이제 부서진 곳에 판자를 덧붙이거나 무너진 구석을 시멘트로 때우지 않을 거야. 시뻘건 녹물을 페인트칠로 가리지 않을 거야. 어설픈 못질로 얼기설기 엮어놓지는 않을 거야.

내 삶의 종착역은 아직 멀리 있고, 새 봄은 다가오니까.

나는
언제나
고향이 그립다

설날이 지나갔다. 올해 설은 쉬는 날이 많은데도 마을 공터엔 빈
자리가 더러 보였다. 고향을 찾아온 이들로 활기가 넘치던 명절
모습은 보이지 않았다. 골목을 뛰어다니던 색동옷 아이들도 없
었다. 그나마 고향을 찾은 이들도 차가 밀린다면서 설날 아침이
면 부리나케 마을을 떴다.

　해를 더할수록 명절은 쇠락해갔다. 고향이라고 찾아오는 이들
도 눈에 띄게 줄었다. 그도 그럴 것이 도시에 사는 아들딸들이
며느리도 보고, 사위도 생겨 새로운 식구를 이루었으니 산골 어
버이에게 찾아오기가 쉬운 일이 아니었다. 그래서 명절 차례도

도시 큰아들이 지내게 되었고, 이 산골에서 늙은 어버이가 바리바리 싸들고 도시 큰아들 집으로 찾아가는 명절로 변해버렸다.

그것은 나도 마찬가지였다. 이 산골로 들어오고 처음 몇 해는 아내와 함께 부산 큰집에 갔었다. 그러나 이제는 그믐날 오후 혼자 버스 타고 부산으로 가서 조카들과 둘러앉아 저녁밥 먹고, 이른 아침 차례를 지내고 날이 채 밝기도 전에 사상터미널로 나와 함양행 직통버스를 타는 것으로 명절이 지나갔다.

"올 추석부터 차례를 안 지내기로 했어."

설날 아침 부산에서 돌아오자마자 웃옷을 벗어 걸고 아내와 마주 앉았다.

"그래요? 아주버님이 그렇게 하재요?"

아내의 눈이 휘둥그레졌다.

"어쩐 일인지 형님이 먼저 그렇게 말을 꺼내더라고."

"그래서 그렇게 하기로 결정이 났어요?"

"그렇다니까. 기제사만 지내고 명절 차례는 안 지내니까 명절에는 굳이 부산에 갈 필요가 없다는 거지."

이제 명절이라고 따로 준비할 일도 없어져버렸다.

해가 갈수록 명절은 적막해져간다

비록 홀로 다녀오는 명절이었지만 그래도 기다림과 설렘이 영 없는 것은 아니었다. 차례상에 올릴 대추나 밤과 곶감 같은 것을 챙기고, 흑돼지고기 몇 근 끊어 담아 짐을 쌀 때면 비로소 명절 기분을 느끼곤 했었다.

오가는 길이 번거롭고 성가시기도 하지만 그래도 당연한 걸음 이라는 생각을 했었다. 그런 명절마저도 이제 완전히 사라져버 렸다.

"그래도 명절이면 어딜 가겠어요? 여기 와야지 뭐."

서운해하는 형수를 달랬다. 열아홉에 시집 와서 지금껏 명절 이면 음식을 준비해온 형수였다. 시원함보다 서운함이 앞서는 것은 나도 마찬가지였다.

"추석에는 꼭 오소. 설에도 오고. 명절이라고 누가 올 사람이 있나."

"그래요. 나라고 명절에 여기 아니면 어디 찾아갈 곳이 있나."

깊어가는 그믐밤에 형과 형수와 나는 제법 많은 술잔을 나누 었다.

정월 초하루, 아직은 초저녁인데도 골목은 적막했다. 아들과 며느리는 연휴가 시작되자마자 인천 친정으로 떠났다. 민박 손님들도 일찍이 방을 찾아들었다. 골목이 먹물 같은 어둠에 싸였다.

골목을 한 바퀴 휘 돌아다녔다. 집 뒤 텃밭 건너 두부박샌댁은 부산 딸집으로 가더니 거기서 설을 쇠는지 인기척도 없고 불도 꺼져 있었다. 홀로 살던 앞집 유 씨도 죽었고, 옆집 박샌도 죽었고, 골목 너머 김샌도 죽었고, 그 뒷집 김샌도 죽었다. 이웃집은 모두 아무도 찾아오지 않는 빈집으로 남아 컴컴한 명절을 맞고 있었다.

문득 지독한 외로움이 온몸을 휘감았다.

처음 여기 마을 한복판 빈집으로 들어올 때는 이웃에 대한 기대가 컸다. 이웃이 있어 늙어 외롭지는 않을 거라는 기대가 있었다. 서로서로 의지하고 살면 그런대로 따뜻한 삶일 거라는 믿음이 있었다. 그러나 그 모든 기대는 지난 십 년 사이에 산산조각이 나버렸다.

뒷집 김샌은 걸핏하면 술에 취해 우리 집으로 들어와 민박 손님들을 윽박질렀고, 앞집 유 씨는 집터 경계가 잘못되었다며 생트집을 잡았고, 옆집 박샌은 집으로 들어오는 골목이 자기 땅이라며 우겼다. 사이는 소원해졌고, 서로 화해도 하기 전에 세상을 떠나버렸다. 그 집들은 비었고, 이웃은 사라졌다.

지금이라도 그리운 고향집으로 다시 돌아갈거나

어느 순간 내 삶의 모습이 철저한 이방인이라고 느끼면서부터 나는 도시 탈출을 마음먹었었다. 세상은 연줄로 얽혀 있었고, 나는 철저히 혼자였다. 무연고자였다. 거칠게 몸부림치며 살아온 세상이었다. 아슬아슬 외줄을 타며 건너온 세월이었다. 내 머리를 장식한 관은 허울이었고, 하는 일도 정나미가 떨어지기 시작했다.

치열했던 현장에서 배신을 당하고, 분노가 부딪치던 시간을 견디고 나면 나는 늘 혼자 남아 있는 나를 만났다. 무용하게 흐르는 시간 속에서 나도 떠날 때가 되었다고 생각했었다. 그들은 이제 꿈에서조차 나타나지 않았고, 나도 그들을 떠나기로 작정했었다.

어느 날 우연히 이 산골 빈집을 만나게 되었다. 작별의 인사도 나누지 않은 채 미련 없이 떠나와버렸다. 어디선들 그보다야 못하랴 싶었다. 그보다 더 절망하랴 싶었다. 그보다 더 차갑지는 않으리라 싶었다. 그보다 더 헛헛하지는 않으리라 싶었다.

내가 좇은 좋은 세상은 허황한 이상이었을까. 보이는 듯 사라지는 신기루였을까. 그런 세상이 어딘가에 있긴 있었던 것일까. 내가 무시로 가슴속에서 만들고 허물어버린 나만의 것은 아니었을까. 그리하여 나는 스스로 절망히고 스스로 쇠락하여 현장과 시간과 사람들로부터 도망쳐버린 것은 아니었을까.

문득 고향이 생각났다.

경남 하동군 옥종면 정수리.

차라리 고향으로 들어갔더라면 하는 생각을 처음으로 해보았다. 그나마 낯익은 얼굴들을 만나고, 깨끗고 멱 감던 개울을 만나고, 눈 감고도 갈 수 있을 들길을 만나고, 순진무구하던 그 어린 시절 추억을 만나고, 아련하게 사무쳐오는 첫사랑을 만나는 고향.

아, 지금이라도 이 산골을 빠져나가 고향으로 돌아갈까. 신작로를 걸어, 방죽을 지나, 왕버들 그늘 아래 징검다리를 건너, 정미소 골목길을 걸어들어갈까. 타작마당 흙먼지 속에서 깽깽이 춤을 추던 그 친구를 만나볼까. 감또개 꽃목걸이 걸고 소꿉 밥 지어주던 순이를 만나볼까. 새터 앞 언덕에 작은 집을 지어볼까.

돌담 모퉁이에 기대어 부초처럼 흘러온 삶을 되돌아본다.

명절의 추억과 만남의 세월마저 끊겨버린 이 타관에서, 모든 이웃이 사라져버린 이 깊은 산골에서, 모든 추억을 떠나보내버린 이 외진 산골에서 참 많이 외롭다는 생각을 한다. 봄이 오면 이제는 다 허물어져버렸을 고향집을 꼭 한번 다녀와야겠다는 생각을 한다.

삶의 굽이굽이에서 마주친 그 무수한 외로움도 견디며 살아왔건만 정월 초하루 먹물처럼 어둔 골목길에서 잠시 길을 잃는다.

숨길 것 없는
가벼운
삶

장맛비가 내린다.

  어제 해거름에 서하와 밭 나들이를 다녀왔다. 빨갛게 익은 토
마토를 따고, 노랗게 익은 참외를 따고, 제법 커다란 수박을 따
던 서하의 발랄한 모습이 생각나 입가로 빙그레 웃음을 흘린다.

  장마 속 가뭄이었다. 개울도 말라가고 있었다. 강한 햇살에 호
박덩굴이 시들시들했다. 고추도 잎이 축 늘어져 있었다.

  참 좋은 비다.

  요즘 며칠간 괭이질을 많이 했더니 손가락 마디마디가 쑤시고

아린다. 넓은 콩밭과 팥밭 김매기가 힘들었다. 장맛비가 올 거라는 소식에 서둘렀더니 무리했나보다.

집일도 많았다. 닭장이 있는 뒷마당에 파리가 끓고 냄새가 심했다. 바닥에 쌓인 톱밥과 나뭇잎들이 닭똥과 사료 찌꺼기에 뒤섞여 비가 오면 질퍽거리기도 했다. 그것을 다 치웠다. 스무 자루 넘게 퇴비가 쌓였다.

그것을 치운 자리에 마사토를 두껍게 깔았다. 앞마당 문간에 부려둔 마사토 한 트럭을 손수레로 뒷마당까지 나르느라 여간 고생한 게 아니었다. 밭도 깨끗하고 뒷마당도 환한 상태로 장맛비를 기다렸었다.

참으로 부초 같은 세월이었다

"미안해요. 무릎이 안 좋아 밭에 나가 거들어줄 수도 없고."

"거 참 큰일이네. 그렇게 무릎이 안 좋아서 어떡해."

"정형외과에 가볼라고. 당신 손가락도 아프다면서 같이 가요."

"그래. 장맛비가 온다니까 그때 남원의료원으로 가야겠네."

병원 모르고 살아온 몸이었지만 이젠 달랐다.

공밭 괭이질을 많이 한 날은 손가락이 아파 자다 일어나 파스를 붙였다. 파스를 손가락 크기로 잘라 손가락에 둘둘 말고 반창고로 감았다. 마치 골절로 깁스를 한 것처럼 보였다.

잠이 안 와 뒤척거렸다. 이대로라면 내년 농사는 고사하고 가을걷이가 걱정이었다. 시원찮은 도리깨질로 콩과 팥 털 것을 생각하니 막막했다. 머지않아 농사를 포기할 것 같은 예감이 들었다. 서글펐다.

가만히 앉아 장맛비 내리는 모습을 바라본다.

여기까지 흘러온 지난날들이 잠깐잠깐 떠오른다.

참으로 부초 같은 세월이었구나 싶었다. 네 살 들던 해에 아버지를 여의고 홀어머니와 시작한 인생이었다. 보잘 것 없는 가난한 농가에서 시작된 인생이었다. 이 구비를 넘고 저 모퉁이를 돌아 여기까지 온 인생이었다.

하동 옥종 덕천강 강둑길을 걸으며 이웃 마을 처자와 만남을 이어갔고, 스물일곱에 결혼을 했다. 그해 아들을 얻었다. 교정직 공무원으로 첫 직장생활도 그해에 시작했다. 첫 월급봉투를 아내에게 건네준 기억이 선명하게 떠오른다. 아내의 기뻐하던 모습도 기억 속에 선명하게 남아 있구나.

민주화운동이 한참이던 시기에 진주교도소 병사 3방에서 문익

환 목사를 만났고, 나는 내 인생의 방향을 수정했다. 유월 항쟁의 뜨거운 열기가 내 가슴을 차지하고 있었다. 공무원 사직서를 내고 지급받았던 관복을 반납했다. 훌훌 털고 집으로 돌아갈 때 그 기운차게 걷던 걸음걸이도 기억 속에 선명하게 남아 있구나.

문학회 활동을 하면서 구호처럼 써왔던 글을 묶어 첫 시집을 내던 날이었다. 시가 뭔지도 모르면서 떡을 만들어 출판기념회장을 찾아오신 어머니가 떠오른다. 영문도 모른 채 지방자치선거에 출마한 철없던 시절, 봉투에 지전 몇 닢 넣어 건네주던 형의 모습도 선명하게 남아 있구나.

사람다운 삶이란 무엇이었을까

이런저런 일로 만난 수많은 사람들이 떠오른다.

지리산 골짜기에서 시와 세상을 노래하던 젊은 우리가 생각난다. 위장 폐업에 맞서 싸우던 전자조립 공장, 석유난로 하나 사들고 찾아갔을 때 환호하던 어린 여성노동자들이 생각난다. 집회장에서 체포되던 날 진주경찰서 욕조에 내 머리통을 짓누르던 그 경찰관의 억센 팔뚝도 선명하게 남아 있구나.

칠곡마을회관에서 주민들과 골프장 반대운동을 얘기했었지.

신주환경운동연합 대학생회와 지리산 생태탐사를 다녀왔었지. 지리산 댐 반대운동과 4대강 사업 반대운동 현장에서 만난 환경운동가들, 녹색당 창당대회에서 만난 맑고 깨끗하고 밝은 그 사람들.

정의롭고 존경스러웠던 일들, 함께했던 사람들이 떠오른다.

그리고 나는 생각한다. 나를 괴롭히고, 힘들게 하고, 화나게 했던 그 사람들을 떠올린다. 나를 궁지로 몰고, 낭떠러지 앞으로 끌고 가던 그 사람들을 기억한다. 그날의 울분과 서러움을 기억한다.

옳고 그름은 어디서 갈려지는가.

나는 무엇에 분노하고 즐거워했는가.

나의 세상은 그때나 지금이나 여전히 어긋나 있는데 나의 그 행동과 감정이 세상에 무슨 역할을 해왔을까. 내 분노의 종착지는 어디였을까. 내가 단정한 옳고 그름의 근거는 무엇이었으며, 내가 배척한 그 사람들의 생각은 과연 쓸모없는 것이었을까. 참과 거짓의 경계를 진정으로 이해하고나 있었을까.

내가 그토록 외쳐온 구호와 함성은 세상에 얼마나 작용했을까. 미량의 소금이 바닷물을 썩지 않게 한다는 말을 믿으며 고집스럽게, 억지스럽게 작은 것에 진입하려 한 내 삶을 회상한다.

그게 정의롭다는 생각에서, 그래야 사람다운 삶을 사는 거라 믿으면서 살아왔으나 끝내 그런 세상에서 벗어나지 못한 인생을 돌아본다.

젠장. 내 생각이 왜 여기까지 흘러왔지?

이 소슬한 장맛비를 아름답게 감상해야지. 낙숫물 소리도 저처럼 감미로운데. 빗줄기 사이로 얼비치는 꽃밭 저 백일홍 꽃송이는 얼마나 황홀한가.

세상 모든 이들께 용서를 빌며

잊어버리고 싶지만, 잊어버려야 하지만 잊히는 것이 더 두려운 나이를 먹어버렸다.

축복받을 기억은 흐려지고, 용서받아야 할 기억은 더 또렷해지는 나이가 되어버렸다. 누구에게나 엎드려 용서를 빌고 싶은 나이가 되어버렸다.

이런 자식으로 남았으니 어머니께 용서를 빌어야겠다. 이런 지아비로 남았으니 아내에게도 용서를 빌어야겠다. 이런 아버지로 남았으니 아들에게도 용서를 빌어야겠다.

틀어진 세상을 바로잡지 못하였으니 세상의 모든 이들께 용서를 빌어야겠다.

　마지막 남은 돈으로 밀린 집값을 정리하고 세상을 등진 세 모녀께 용서를 빈다. 양주 시골길에서 미군 장갑차에 희생된 두 여중생들께 용서를 빈다. 물대포에 쓰러진 늙은 농부의 영령에 용서를 빈다. 양어머니께 맞아 죽은 그 어린아이의 영혼에 용서를 빈다. 세월호의 꽃들께 엎드려 용서를 빈다.

　쉼 없이 장맛비가 내리네.
　영 형편없는 삶이었으나 잠깐만이라도 이렇듯 추억에 젖으니 더 맑아지는 것 같다. 뽐낼 것 없는 삶이었으나 숨길 것 없는 삶이었으니 더 가벼워지는 것 같다.
　좋은 날이다.

고향이 멀지 않음을
일깨워주는
나무처럼

태풍 탓이었다. 매년 한 번 이상 가족이 함께 큰 산을 오르겠다던 계획이 반 토막 나버린 그날. 지리산 등산으로 하나의 완결을 이루려다 미끄러진 그날 나는 노을빛이 식어가는 천왕봉을 바라보며 산골마을의 작은 카페에서 모히토 한 잔을 마셨다.

오래전부터 가족과 산행을 즐겼다. 2018년 가을 지리산 종주를 계획했다. 어렵사리 지리산 대피소 예약이 성사되었으나 철 지난 태풍에 발목을 잡혔다.

입산 금지를 통보받았을 때 아내가 지리산에 괜찮은 민박집이 있다고 했던 것이 떠올랐다. '꽃별길새'라는 이름의 민박집이었다. 이 민박집에서 하루 묵고 지리산을 오르는 것으로 산행계획을 수정했다.

민박집 옆에는 이 집 며느리가 운영하는 카페가 있다. '안녕'이라는 이름의 카페였다. 카페의 꾸밈도 좋았고, 따뜻하고 포근한 분위기도 좋았지만 무엇보다 차가 맛있었다. 메뉴에 숨어 있던 모히토를 주문했다.

모히토의 럼이 조금 진할 거란 주인의 걱정과는 달리 달착지근하고 쌉싸름한 맛이 청귤청 향을 타고 올랐다. 나는 지리산 둘레길에 들꽃처럼 핀 자그마한 카페에서 마신 그 모히토 한 잔에 이 집과의 인연을 맺어가고 있었다.

그렇게 인연을 맺은 뒤로 계절마다 한 번씩 이 민박집을 찾았다. 특별한 사연이 있던 건 아니었다. 지리산이라는 절대적 상징적 장소가 있지만, 산골로 치면 내가 사는 경북 영양이라는 곳도 만만치 않았다.

여행지를 선택하는 데 있어 우리 네 가족이 모두 동의하는 곳을 찾기는 쉽지 않았다. 그러나 신기하게도 이 민박집에 가는 건 가족 모두가 좋아했다.

아들놈과 딸은 개와 고양이들이 마당 가득 뛰어다니는 이곳이 좋다고 했다. 이내는 정갈하고 맛 좋은 식사와 구들장이 뜨끈한 아랫목이 좋다고 했다. 나는 거길 다녀오면 '김석봉'이라는 이름의 민박집 바깥주인 그림자가 마음에 내내 어른거렸다.

그의 일상은 여느 농부처럼 평범했다. 우리가 도착하면 그는 인사하기 바쁘게 돌보는 짐승들의 먹이를 주거나, 아궁이의 불을 지피거나, 괭이를 메고 밭으로 나가곤 했다. 밥때에 돌아와 앉아 이야기를 나누다가, 좋아하는 술에 취해 너무 늦지 않게 잠자리에 드는 것이 그의 모습이었다.

참으로 신기하게도 그런 그의 행간이 내겐 잘 들여다보였다. 어디서 기뻐하고 어느 자리가 서럽고 어떤 후회들을 징검다리 삼아서 여기까지 왔는지, 숨기고자 하는 의도도 의지도 없는 투명한 비밀들이 나에겐 선명하고 아프게 다가왔다.

내가 가족과 함께 이 민박집을 자주 찾는 이유는 나의 오래 묵은 아픔이 치유되기 때문이다.

환경운동연합 대표였던 그가 지리산에 집을 구해 살아온 십 수년의 세월 동안, 태풍처럼 몰아치는 억울하고 분한 일들이 여러 날 여러 인연으로 남아있었을 것이다.

그것들을 누군가에게 원망이나 핑계로 던지지 않고 오롯이 자신의 나이테에 새겨 넣는 마을 앞 당산나무 같은 그. 그를 때를 지켜 귀한 약을 먹듯 그저 그렇게 만나보고 싶었다.

멀리서도 이제 고향이 멀지 않음을 일깨워주는 마을의 나무처럼 그의 그늘엔 따뜻함과 힘이 있다. 민박집 '꽃별길새'에 깃들다 가는 동안 그가 쓴 『뽐낼 것 없는 삶, 숨길 것 없는 삶』을 만날 수 있어 참으로 행복했다.

돌이켜보니 다 태풍 덕이다. 당신에게 이 책이 그런 태풍이 되어줄 거란 예감이 든다. 찻잔 속에 든 태풍이 때론 얼마나 위험한지 어렴풋 짐작하기에, 지리산이 바라보이는 작은 마당에서 당신과 청귤청 모히토 한 잔 마시며 이야기 나누고 싶다.

최진

시인. 대구교육대학교 음악교육과를 졸업하고 문경 호서남초등학교와 용흥초등학교에서 근무했다. 이후 교직을 떠나 영양군 (사)우리손배움터와 지역아동센터에서 근무했다. 현재 경북 영양군에서 택배기사로 일하고 있다. 2014년 『사람의 문학』 신인 추천으로 등단했고 2016년 도서출판 한티재에서 첫 시집 『배달 일기』를 출간했다.